*Historias de la historia
explicadas por la química*

ALEJANDRO NAVARRO YÁÑEZ

Historias de la historia explicadas por la química

GUADALMAZÁN

Guadalmazán • Colección Divulgación Científica
Edición al cuidado de Ricardo Montero y Antonio Cuesta

www.editorialguadalmazan.com

Talenbook, s.l.
C/ Cervantes, 26 · 28014 · Madrid

Imprime: Liberdúplex
ISBN: 979-13-87941-08-6
Depósito Legal: M-8779-2026
Hecho e impreso en España-*Made and printed in Spain*

Índice

Introducción

Amigo lector: al abrir este libro, te estarás preguntando «¿qué tiene que ver la historia con la química?». Pues la respuesta es que todo. Todo lo que nos rodea es química y la historia de la civilización humana puede identificarse en gran medida con la del desarrollo de la ciencia y de la tecnología. Desde este punto de vista, el devenir de los acontecimientos históricos estaría indisolublemente ligado al progreso de la ciencia en general y de la química en particular. Detrás de cada evento histórico, de cada conflicto y de cada transformación social sustancial, siempre encontraremos el papel de la química.

Como no hay nada que sustente más una opinión que las pruebas, aquí te ofrezco algunas historias y anécdotas curiosas por si no terminas de creerme. Las he seleccionado a través del tiempo y el espacio, abarcando desde el Imperio romano hasta nuestros días. Todas están cuidadosamente elegidas para darte una idea del papel de la química a lo largo de los últimos dos mil años, a través de relatos cortos que aparentemente no tienen nada en común, salvo el hilo conductor de la ciencia más poderosa que el mundo haya conocido. Son relatos de venenos, de drogas, de materiales revolucionarios o de descubrimientos asombrosos. Todos ellos vienen acompañados de personas y culturas que experimentaron sus efectos en momentos muy concretos de la historia.

Desde el extraño relato que nos ofrecen ciertos cronistas romanos acerca de un supuesto vidrio *irrompible* inventado en el Alto Imperio hasta el envenenamiento con polonio del exespía y disidente ruso Alexander Litvinenko, te encontrarás con colorantes milenarios, aleaciones misteriosas, moléculas que protagonizaron milagros, joyas legendarias, explosivos que cambiaron la historia, sabores buscados por medio planeta, drogas responsables de episodios de brujas y muertos vivientes, venenos aterradores, fraudes, sustancias relacionadas con avances médicos maravillosos y hasta nuevos pigmentos que se encuentran detrás de toda la pintura moderna. Junto con ellos, desfilarán algunos de los personajes más famosos de la historia en compañía de héroes olvidados o de individuos que, sin saberlo, fueron testigos de acontecimientos extraordinarios detrás de los cuales siempre hubo un elemento o un compuesto químico con alguna propiedad muy especial.

Este no es, por tanto, un libro de historia ni mucho menos un tratado de química. Es solo una colección de relatos breves, diseñados para abrirte el apetito por saber más, por profundizar en los acontecimientos históricos o en las noticias que lleguen a tus oídos. Es un recordatorio de que, detrás de cualquier acontecimiento, siempre encontrarás circunstancias sobre las que la ciencia tiene algo que decir.

Espero que los disfrutes.

EL VIDRIO IRROMPIBLE DE TIBERIO

El emperador Tiberio[1] se reclinó ligeramente en su asiento y respiró hondo. Delante de él, con las típicas ropas sencillas de los plebeyos, el artesano que le había pedido audiencia parecía bastante nervioso. Y no era para menos; rara vez el emperador concedía audiencia a alguien que no fuese de la clase ecuestre para arriba. Pero en esta ocasión, Tiberio estaba intrigado. El visitante decía poseer un jarrón de vidrio que, cuando se tiraba al suelo, no se rompía. ¿Podía ser eso posible?

De acuerdo con lo narrado por los escritores romanos Plinio y Petronio[2], lo era. Según Petronio, el artesano arrojó el jarrón varias veces al suelo sin que experimentase más que abolladuras que podían repararse fácilmente ante el asombro de la concurrencia. El orgulloso plebeyo esperaba sin duda obtener fortuna y gloria, pero, por desgracia, no contaba con lo retorcido que era Tiberio. Con suavidad, el emperador le preguntó si alguien más conocía el secreto y, cuando el artesano contestó que no, el hijastro de Octavio Augusto lo mandó ejecutar sin pestañear. ¿El motivo? Tiberio era a la sazón el mayor coleccionista de cristal de Roma y no estaba dispuesto a que su gigantesca colección perdiese todo su valor ante un nuevo tipo de vidrio que no se podía romper.

---

1   Tiberio Julio César Augusto fue el segundo emperador romano. Gobernó entre el año 14 y el año 37 d. C., fecha de su fallecimiento. En su juventud fue un gran general, pero más tarde se convirtió en un sombrío gobernante que en realidad nunca quiso ser emperador. Terminó retirándose a Capri y dejando el gobierno en manos de sus pretorianos. En palabras de Plinio el Viejo, «fue el más triste de los hombres».
2   Plinio el Viejo lo hace en su célebre *Historia natural* (XXXVI, 66) y Petronio en *El satiricón* (cap. 51).

Este retrato de Tiberio, inspirado en un original atribuido a Tiziano y difundido a través de grabados en la Europa moderna, refleja la imagen de un emperador esquivo y profundamente desconfiado. Su reinado estuvo marcado por intrigas, procesos por traición y un progresivo alejamiento de Roma, que gobernó durante años desde la isla de Capri. La posteridad lo ha recordado como un gobernante sombrío, atrapado entre la necesidad de mantener el orden y el peso de sus propias sospechas [Wellcome Collection].

El vidrio ya era conocido por el hombre desde la noche de los tiempos en forma de obsidiana; una roca ígnea repleta de silicio que se produce cuando la lava de los volcanes se enfría deprisa, sin dar tiempo a que se formen cristales. Cuando se quiebra, la obsidiana forma bordes tan afilados que se pueden fabricar con ella magníficos instrumentos cortantes, lo que la hizo muy popular entre nuestros antepasados. Se han encontrado indicios del empleo de este vidrio natural en lo que hoy es el Kurdistán, nada menos que hace 14 500 años, y es posible que su utilización por parte de nuestra especie sea muy anterior. Por el contrario, dadas las elevadas temperaturas necesarias para conseguirlo, el descubrimiento del secreto de cómo fabricar vidrio artificial fue a todas luces muy posterior, probablemente asociado a los albores de la cerámica o a las escorias producidas durante los primeros procedimientos de metalurgia.

También, aunque no se trata de vidrio propiamente dicho, la fayenza es un tipo de loza con un acabado brillante, debido a la vitrificación de su superficie durante la cocción, que se puso de moda en el antiguo Egipto ya desde el período predinástico, hace unos cinco mil quinientos años. Aunque no tenemos constancia arqueológica de cómo se fueron adquiriendo los conocimientos al respecto, hemos encontrado pequeñas cuentas de collar y abalorios hechos de auténtico vidrio unos mil años después, tanto en Egipto como en el Líbano, en lo que en tiempos fue Fenicia. Estos pequeños objetos no eran transparentes y tenían una función decorativa, ya que intentaban imitar —al igual que las cuentas de vidrio de hoy en día— el aspecto de las piedras semipreciosas. Su asociación con los fenicios es interesante, ya que los antiguos atribuían el origen del vidrio a las arenas del río Belus, en Fenicia. Plinio lo menciona en su *Historia natural,* y la tradición se perpetuó hasta ser recogida mucho más tarde en forma de leyenda por el alquimista George Bauer, quien, en el siglo XVI, en su famoso tratado *De re metallica,* cuenta cómo unos mercaderes fenicios que se dirigían hacia Egipto para vender «nitro» (nitrato potásico) decidieron utilizar trozos del mineral que llevaban en lugar de piedras para colocar las ollas en las que iban a cocinar la

Esta estatuilla de bronce muestra a Tutmosis III en actitud de ofrenda, una imagen poco frecuente en la escultura real egipcia. Datada en el Imperio Nuevo (siglo xv a. C.), es uno de los primeros ejemplos de estatuaria regia en bronce. La figura fue fundida en una aleación de cobre y presenta incrustaciones de oro que aún se conservan en los pezones y el contorno de los ojos. El tono oscuro del metal no es casual: se buscaba resaltar el brillo de esos detalles. Los brazos se fabricaron aparte y se encajaron después, una técnica habitual en este tipo de piezas [The Metropolitan Museum of Art].

cena. A la mañana siguiente, habrían comprobado con asombro cómo el nitro se había fundido y había reaccionado con la arena, produciendo un nuevo material duro y brillante.

Fuese cual fuese su origen, las primeras vasijas de vidrio nos han llegado desde el reinado de Tutmosis III, el gran faraón guerrero del siglo xv a. C.[3] Dado que durante sus campañas militares Tutmosis se apoderó de muchas localidades de la costa de lo que hoy es el Líbano, parece razonable pensar que fueron artesanos de la zona los que enriquecieron el trabajo del vidrio en Egipto. Este vidrio era opaco y las vasijas difíciles de fabricar, ya que había que extender el material fundido en forma de cordones sobre un molde de arcilla, que luego se retiraba. A continuación, la pieza se pulía. No fue hasta casi mil quinientos años después cuando los fenicios inventarían el vidrio soplado. Tal vez fuese esa opacidad del primitivo vidrio lo que hacía que su popularidad sufriese numerosos altibajos, pero, con el tiempo, los artesanos egipcios mejoraron las técnicas y, ya en época helenística, exportaban hermosas vasijas de vidrio coloreado para disfrute de las clases dirigentes de todo el mundo conocido. A los patricios romanos, por ejemplo, les enloquecía, de manera que importaron la receta y comenzaron a fabricarlo a destajo. Además, descubrieron que, añadiéndole óxido de manganeso, el vidrio[4] se aclaraba considerablemente, dando lugar a piezas transparentes maravillosamente delicadas. Pronto, casas y palacios se llenaron de magníficas colecciones de cristal con las que rivalizaban entre sí los ciudadanos más pudientes del Imperio.

¿Qué sucedió entonces en el palacio de Tiberio aquel día? Como buen escritor de talante republicano, a Petronio no le caía muy bien Tiberio, por lo que es difícil estimar hasta qué punto es cierto el relato, pero algunos de los detalles que se mencionan en

---

3   Tutmosis III fue el sexto faraón de la dinastía XVIII. Gobernó entre 1479 y 1425 a. C. y fue uno de los monarcas más poderosos del antiguo Egipto. Durante su reinado, el país del Nilo se convirtió en la primera potencia del mundo conocido, alcanzando su máxima extensión territorial.

4   El vocablo «vidrio» tiene de hecho su origen en el latín *viridis*, la palabra para el color verde, que era la tonalidad más habitual del material en aquella época.

CORNING GLASS WORKS—EXTERIOR.

Esta imagen muestra el departamento de tallado de Corning Glass Works en las últimas décadas del siglo XIX, cuando la industria del vidrio comenzaba a desarrollarse a gran escala en Estados Unidos. Tras el soplado, las piezas se trabajaban en frío mediante ruedas abrasivas que permitían grabar, pulir y dar forma definitiva al vidrio [Corning Museum of Glass].

él hacen pensar que aquel *vitrium flexile*, que había descubierto el infortunado artesano, podría ser un antepasado de los modernos y omnipresentes vidrios de tipo Duralex o Pyrex, imprescindibles en las cocinas y laboratorios de todo el mundo. El primero es un vidrio templado desarrollado en Francia en las décadas de 1930 y 1940, que presenta una gran resistencia mecánica. El segundo, por su parte, es un vidrio que contiene óxidos de boro, desarrollado por primera vez por el vidriero alemán Otto Schott[5] y vendido bajo el nombre de Duran a partir de 1893. En 1915, la

---

5   Como tantas veces ha sucedido a lo largo de la historia de la ciencia y la tecnología, Schott no andaba buscando los efectos del Pyrex, sino la forma de reducir la aberración cromática en los telescopios de la época, un problema que traía de cabeza a los especialistas. Para ello experimentó con numerosos aditivos hasta que se topó con el boro y sus peculiares efectos sobre el vidrio.

compañía estadounidense Corning Glass Works (hoy Corning Incorporated) mejoró la idea de Schott y lanzó el Pyrex, que a partir de ese momento se convirtió en sinónimo del vidrio irrompible.

Normalmente, en una proporción del 10 % en peso, el óxido bórico confiere al cristal unas características de durabilidad y resistencia muy superiores a las del vidrio normal, sobre todo en lo relativo a los cambios bruscos de temperatura. En el vidrio normal, fruto de la fusión de arena de sílice con carbonatos de sodio y calcio, el óxido de silicio forma una red irregular de tetraedros (la disposición irregular es lo que hace que se trate de un sólido amorfo en lugar de cristalino), que se ve distorsionada por la presencia de los átomos de boro en el llamado vidrio borosilicato. Este cambio en la red de los tetraedros genera una estructura que a nivel macroscópico presenta un coeficiente de dilatación muy bajo, por lo que soporta los cambios de temperatura sin romperse. De hecho, este tipo de vidrio aguanta una diferencia térmica de hasta 165 °C sin resquebrajarse. Por otra parte, aunque no es irrompible, sí que presenta una resistencia a los golpes superior al vidrio normal, y tanto su comportamiento frente al ataque de los ácidos como su transparencia se ven muy mejorados.

Pues bien, es la presencia del boro lo que hace pensar que puede haber algo de verdad en la vieja historia del despiadado Tiberio. En la región de Maremma, en la Toscana, hace muchos siglos que hay grandes depósitos de tetraborato de sodio (bórax), esa sal de boro tan utilizada en limpieza. Estos depósitos se forman por la evaporación continua de los lagos y, en el caso de la Toscana, fueron muy explotados durante el siglo XIX, haciendo que Italia se convirtiese durante décadas en el primer proveedor mundial de bórax. Lo curioso del caso es que escritores posteriores dicen que el misterioso *vitrium flexile* estaba hecho de *martiolum*, un material desconocido, de aspecto brillante y maleable, cuyo nombre podría derivarse de Maremma[6]. Aunque evidentemente es especulativo, el artesano pudo, quizás por casualidad, incorpo-

---

6   En honor a la verdad, la identificación de *martiolum* con un material puede no ser más que una reinterpretación tardía del auténtico significado de la palabra en latín, que no es otro

La colemanita, junto a otros minerales como la ulexita o el bórax, es un borato que aparece en depósitos de evaporita, formados en cuencas lacustres ricas en sales. Cuando el agua se evapora en estos ambientes alcalinos, los elementos disueltos precipitan y cristalizan, dando lugar a estos minerales. Muchos de ellos son secundarios, es decir, se originan a partir de la transformación de otros compuestos previos. El bórax, en particular, ha sido utilizado durante siglos en la fabricación de vidrio, detergentes y esmaltes, lo que conecta directamente estos paisajes geológicos con la vida cotidiana [Funtay/Shutterstock].

rar arena o sedimentos ricos en borato sódico procedentes de las aguas estancadas o fuentes de vapor de la región. Al someterlas al calor del horno, las sales de boro se descomponen, liberando agua y óxido de boro, de modo que el inadvertido aditivo se incorporaría a la mezcla, otorgándole al cristal así fabricado unas propiedades extraordinarias.

El único problema de esta hipótesis es que el contenido de boro requerido es superior al 5 %, resultando poco probable una incorporación de este calibre de forma casual. Por otro lado, también pudo tratarse de algún tipo de templado accidental, en el que el artesano descubriese que calentando y enfriando el vidrio bruscamente adquiría cierta resistencia. En cualquier caso, lo que no cuadra demasiado es la referencia de Petronio a que, golpeado con un martillo, el cristal podía ser reparado sin que se rompiera, algo que no encaja con el comportamiento de ningún tipo de vidrio conocido. Esta incongruencia es lo que hace pensar a muchos especialistas que la historia del *vitrium flexile* carece de verosimilitud.

¿Descubrió un desdichado artesano del temprano Imperio romano, cuyo nombre se ha perdido entre las brumas de la historia, el secreto de algún tipo de cristal *irrompible* casi diecinueve siglos antes que el Pyrex del bueno de Schott? No tenemos forma de saberlo. Por un lado, nos consta que en tiempos del Imperio los artesanos del vidrio experimentaron con otros extraños efectos[7], seguramente por casualidad; pero, dada la mala prensa que tenía Tiberio entre los cronistas republicanos, es muy posible que la historia que acabamos de relatar no sea más que un mito, un bulo propagado[8] por un escritor —Petronio— que estaba encantado

---

que «martillo pequeño», el instrumento con el que Petronio decía que el jarrón abollado había sido arreglado.

7   Un ejemplo paradigmático es la famosa «copa de Licurgo», un vaso de cristal del siglo IV hecho de vidrio dicroico, que cambia de color dependiendo de la iluminación. El efecto se produce por la incorporación al vidrio de una pequeña cantidad de nanopartículas de oro y plata dispersas en forma coloidal. A pesar de las especulaciones, lo más probable es que se tratase de una contaminación accidental.

8   De hecho, Plinio añade que la supuesta invención del *vitrium flexile* en tiempos de Tiberio era probablemente un rumor.

de contar cualquier chisme con tal de perjudicar la reputación de los primeros emperadores.

O tal vez se trate de una anécdota verídica, uno de esos momentos en la historia en que asoma de forma fugaz una tecnología revolucionaria y sorprendente que, por falta de interés o seguimiento, se sumerge de nuevo en las sombras para no aparecer hasta milenios después.

EL MANTO DEL REY DE LOS JUDÍOS

Es una de las escenas más conocidas del Nuevo Testamento. Atado a una columna en el palacio del gobernador romano Poncio Pilatos, y tras ser azotado, Jesucristo es objeto de las burlas de los soldados. Según el Evangelio de san Mateo, «los soldados del gobernador llevaron a Jesús al pretorio y reunieron a toda la guardia alrededor de él. Entonces lo desvistieron y le pusieron un manto de color escarlata. Luego tejieron una corona de espinas y la colocaron sobre su cabeza, pusieron una caña en su mano derecha y, doblando la rodilla delante de él, se burlaban, diciendo: "Salve, rey de los judíos"»[9]. En el Evangelio de Juan, por su parte, se dice que «los soldados tejieron una corona de espinas y se la pusieron sobre la cabeza. Lo revistieron con un manto púrpura»[10].

Este célebre pasaje, el de las burlas a Jesucristo, llama la atención, entre otras muchas cosas, por el atuendo, que incluye la corona, el cetro y el manto. Obviamente, se trataba de hacer pasar al reo por un rey, pero, aunque la corona y el cetro están hechos a propósito por los soldados, en el caso del manto los evangelistas parecen referirse a uno auténtico. No está claro si el manto era púrpura o escarlata, o un color intermedio consecuencia de la decoloración (no parece probable que se tratase de un manto nuevo), pero lo importante es que a Jesucristo se le vistió con una prenda reservada tan solo a unos pocos. Si fuese de color escarlata, probablemente se tratase del *padulamentum*, un tipo de manto usado exclusivamente por magistrados romanos con *imperium*, como era el caso de Poncio Pilato, prefecto de Judea que podía

---

9   Mt 27, 27-29.
10   Jn 19, 2.

*Los Improperios
o La imposición
de la púrpura
a Jesucristo*, de
Alonso Sánchez
Coello (1531-1588)
[Museo Nacional
del Prado].

comandar tropas y ejercer funciones militares. Sin embargo, en caso de que efectivamente fuese de color púrpura, el asunto es más problemático, ya que ni Pilatos ni Herodes Antipas, el tetrarca de Galilea, tenían permiso para portar la llamada *toga picta*, una auténtica vestidura real, símbolo del poder y la gloria de Roma. Es posible, por tanto, que se tratase de un manto púrpura antiguo y desgastado, tal vez usado con anterioridad por algún miembro de la corte helenística de Herodes.

Y es que, en la antigüedad, los tejidos de color púrpura eran tan raros y costosos que siempre estuvieron reservados a los más altos dignatarios. En Roma, en concreto, las túnicas impregnadas de púrpura eran cosa de la clase senatorial en época republicana y de los emperadores más adelante, aunque su empleo se remonta a los mismísimos orígenes de la ciudad. Los primeros cónsules, de hecho, ya portaban túnicas bordadas en púrpura durante las ceremonias de triunfo. Las personas, cuya riqueza les permitía poseerla, utilizaban la ropa purpurada como símbolo de poder y clase social. Tal era la asociación entre el tinte de color púrpura y la alta sociedad romana que se llegaron a promulgar normas que restringían el uso de este color por parte del común de los mortales o en circunstancias especiales, tales como los funerales. Entre estas leyes, destacan la *lex Oppia* (215 a. C.) o la *lex Iulia sumptuaria* (46 a. C.), que prohibía expresamente el uso de vestidos teñidos con púrpura de origen marino a la población en general, algo que se reiteraría en tiempos de Nerón. Sin embargo, nada pudo impedir que el uso del color púrpura por parte de la gente pudiente se extendiese paulatinamente por todo el territorio del Imperio hasta el punto de que, durante el siglo III, el Estado llegó a hacerse con el monopolio de la fabricación de tan preciado pigmento.

Pero ¿de dónde sacaban los romanos el púrpura y por qué resultaba tan exclusivo? Las flores de acanto proporcionaban una alternativa de inferior calidad, pero la auténtica fuente del lujoso pigmento era un humilde molusco, el *murex brandaris*[11], un gaste-

---

11   En realidad, se recolectaban varias especies de moluscos de características similares, incluyendo a *Bolinus brandaris* (cañadilla), *Hexaplex trunculus* y *Stramonita haemastoma*.

Esta estampa reproduce una de las escenas de los *Trabajos de Hércules* pintadas por Luca Giordano para el Casón del Buen Retiro. Grabada por Juan Barcelón y Abellán en el siglo XVIII, muestra el momento en que el héroe domina a Cerbero, el perro de tres cabezas que custodiaba la entrada al inframundo [Museo Nacional del Prado].

rópodo conocido desde la más remota antigüedad en las costas del Mediterráneo, que segrega un moco del que se obtiene el pigmento. El color púrpura intenso, en realidad se trata de la molécula orgánica 6,6'-dibromoindigo y su denominación clásica es «púrpura de Tiro», en referencia a la vieja ciudad fenicia que se encuentra en la costa del Líbano. La molécula es un organobromado, es decir, un compuesto orgánico que contiene bromo, toda una rareza dentro del reino animal. El molusco utiliza la secreción para atontar a sus presas y defenderse de las amenazas. La presencia de los grandes átomos de bromo altera las propiedades de absorción y reflexión de la luz del pigmento, dando lugar a un tono de color desplazado hacia el violeta con respecto al azul oscuro típico del índigo.[12]

No es fácil determinar cuándo empezó a obtenerse la púrpura de Tiro, pero los fenicios pudieron haberla utilizado ya en una fecha tan temprana como el 1570 a. C. De hecho, hay especialistas que indican la posibilidad de que el propio nombre «Fenicia» podría significar «tierra de la púrpura». Para algunos escritores del mundo clásico, el tinte habría sido descubierto nada menos que por Hércules[13], o mejor dicho por su perro, que, estando de visita en Tiro, se habría manchado la boca con el pigmento después de morder un molusco en la playa. El mítico incidente se remontaría a los primeros tiempos de la ciudad, lo que demuestra la antigüedad que se le atribuía a la práctica. Por otra parte, hay fundadas sospechas de que la civilización minoica de Creta pudo haber sido pionera en el empleo del tinte cientos de años antes de los fenicios. El caso es que para 1200 a. C. su empleo ya estaba bastante extendido por las costas del Mediterráneo y el Levante. El registro arqueológico más temprano que conservamos, como evidencia directa del empleo de un pigmento fabricado a partir del *Murex brandaris*, es un fragmento de lana teñido de púrpura encontrado en 2021 en el valle de Timna, en Israel, datado hacia el 1000 a. C.

---

12 El índigo es un pigmento que se elaboraba macerando los tallos y las hojas de plantas del género *Indigofera*. Su empleo es aún más antiguo que el de la púrpura de Tiro.
13 O más bien por su homologo tiriano, Melqart.

En *El descubrimiento de la púrpura*, obra basada en un diseño de Rubens y pintada por Theodoor van Thulden, se representa el hallazgo por Hércules del célebre tinte púrpura obtenido de moluscos del género *Murex*. En el mundo antiguo, este color era extremadamente caro porque su elaboración requería procesar miles de conchas para obtener pequeñas cantidades de pigmento [Museo del Prado].

El *Murex brandaris* es un molusco del Mediterráneo del que se extraía la célebre púrpura de Tiro. Para obtener unas pocas gotas de este tinte era necesario procesar miles de ejemplares, lo que lo convirtió en un producto extremadamente caro. El color, intenso y duradero, quedó asociado al poder y al prestigio. En Roma, su uso llegó a estar reservado a las élites. Detrás de ese tono característico había un proceso largo, con fermentaciones y exposiciones al sol que transformaban la secreción del animal en el pigmento final [Picture Partners/Shutterstock].

Desde su invención, la púrpura de Tiro se convirtió en el tinte más apreciado de la Antigüedad, por el hecho incontestable de que el color no se difuminaba con facilidad, volviéndose más brillante bajo la luz del sol. Además, era resistente al lavado y se producía en diferentes tonalidades, de las cuales las más oscuras eran las más valoradas. El problema, por descontado, era el precio, ya que hacían falta miles de moluscos para obtener un solo gramo del fascinante tinte[14] y su producción era muy laboriosa. Para empezar, los gasterópodos eran recolectados a montones y se les dejaba pudrirse, lo que arrojaba un hedor insoportable. A este respecto, un papiro egipcio de 1250 a. C. indica que las manos de los que preparaban el tinte apestaban a pescado podrido, y el Talmud hebreo otorgaba a las mujeres el derecho a divorciarse

---

14   En el caso de la toga *picta*, que podía requerir entre 10 y 20 gramos de tinte, hacían falta... ¡entre 120 000 y 240 000 moluscos por cada toga! Imagínate el precio de semejante prenda.

si sus maridos se ponían a trabajar en semejante actividad. Tras aguantar este periodo de zozobra olfativa, los que se dedicaban a esto tenían que extraer una por una las glándulas hipobranquiales que segregan el moco, sometiendo después a este último a una serie de tratamientos, no del todo bien conocidos, que daban lugar al maravilloso tinte. Como consecuencia de ello, los precios que se alcanzaban en los mercados eran astronómicos. Por poner un ejemplo, en 301 d. C. el emperador Diocleciano fijó el precio de la púrpura de Tiro en el triple del valor del oro, lo que convertía al preciado pigmento en la mercancía más cara del mundo.

Por extraño que pueda parecer, sin que mediase contacto alguno con el mundo mediterráneo, el colorante púrpura procedente de moluscos también fue muy utilizado en un lugar tan alejado como el antiguo México, lo que demuestra que el apetito de las clases dirigentes por diferenciarse de los demás como sea es un fenómeno universal y atemporal[15]. En Europa, sin embargo, la producción empezó a decaer con la caída del Imperio romano, aunque sus sucesores, los emperadores bizantinos, lo siguieron empleando aún durante siglos. De hecho, la tradición de asociar el color púrpura con la realeza llegó en Constantinopla al extremo de que los hijos legítimos del emperador nacían en una habitación revestida de pórfido de color similar. Es lo que se conocía como «nacer en púrpura». Sin embargo, tras la destrucción ocasionada por la Cuarta Cruzada en 1204, la producción en masa prácticamente cesó en el Imperio bizantino, ya que los gobernantes posteriores no podían reunir los medios financieros suficientes como para sustentarla. En Europa Occidental, por su parte, una zona de mucha menor tradición, el color de elección a lo largo de la Edad Media fue más bien el bermellón, un pigmento rojo intenso obtenido del cinabrio o del insecto *Kermes vermilio.*

---

15 Actualmente, en el estado de Oaxaca se sigue produciendo tinte púrpura por métodos tradicionales, aunque en este caso se trata de *ordeñar* a los moluscos sin matarlos. El principal gasterópodo utilizado para estos menesteres es *Plicopurpura pansa*, extendido por toda la costa del Pacífico desde Perú hasta la Baja California.

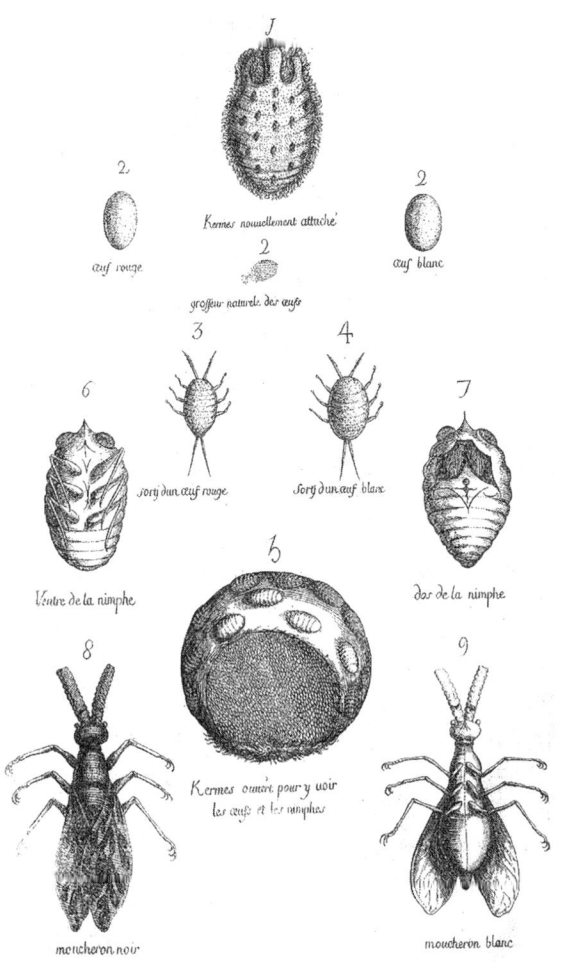

Cochinilla de las encinas (*Kermes vermilio*) [Wikimedia Commons].

A partir de la Baja Edad Media y, sobre todo, del Renacimiento, la púrpura de Tiro se convirtió en poco más que un recuerdo de un tiempo pasado, el de los extravagantes emperadores romanos. Pero por uno de esos caprichosos giros de la historia, el siglo XIX vería el advenimiento de los modernos colorantes sintéticos de la mano, como no podría ser de otra manera, del viejo y añorado color de la realeza, en este caso en la forma de la mauveína, más conocida como púrpura de Perkin.

Corría el año 1859 cuando William Henry Perkin (ilustrado en la portada de este libro), un estudiante de química inglés de 17 años, trabajaba junto con su profesor, el gran químico alemán August Wilhelm von Hofmann, en la síntesis de la quinina, un alcaloide natural muy demandado por aquel entonces en las colonias británicas para combatir la malaria. Por casualidad, a Perkin le dio por oxidar anilina[16] a ver qué pasaba y, al diluir el preparado, se encontró con un hermoso color malva que patentó como púrpura de anilina con tan solo 18 años. Cinco años más tarde, comenzó la producción en masa y el continente se volvió a llenar de ropa de color púrpura más de un milenio después, solo que esta vez sin necesidad de liquidar millones de pequeños moluscos. En 1865, un alemán espabilado, Friedrich Eldenhorn, fundó la Badische Anilinund Soda-Fabrik (BASF), dedicada en su origen a fabricar tintes y hoy en día convertida en la empresa química más grande y poderosa del mundo. A la púrpura de Perkin pronto le siguieron la fucsina (de color magenta), la safranina (de color rojo) y la indulina (de tonalidad azul o rojo azulado), con lo que los europeos ya no necesitaron importar de América o de la India costosas sustancias como el índigo o el carmín (obtenido de la cochinilla, un insecto condenado durante siglos al mismo destino que el pobre *murex brandaris*).

Pero lo importante del caso es que el primer colorante orgánico sintético de la historia no podía ser otro que el púrpura, sin duda todo un homenaje al viejo pigmento de Tiro, que enamoró a los emperadores hace miles de años y quedó inmortalizado en ese pasaje de los Evangelios en que, sin pretenderlo, los implacables soldados romanos estaban reconociendo implícitamente que Jesucristo era un auténtico rey.

---

16 La anilina es un compuesto orgánico aromático, aislado por primera vez en 1826 a partir del índigo, que tiene innumerables aplicaciones, entre las cuales se encuentra en ser un ingrediente fundamental en la producción de tinturas.

Este retrato de Ricardo I de Inglaterra, pintado por Merry-Joseph Blondel en 1841, forma parte de la serie histórica del Palacio de Versalles dedicada a las cruzadas. Ricardo, apodado Corazón de León, participó en la Tercera Cruzada y se convirtió en una de las figuras más emblemáticas de su tiempo, tanto por su habilidad militar como por la leyenda que creció en torno a su figura [Wikimedia Commons].

LA ESPADA DE SALADINO Y EL
EJÉRCITO DE TERRACOTA

Cuenta la leyenda que, durante la Tercera Cruzada[17], el rey inglés Ricardo Corazón de León se enfrentó en una ocasión cara a cara con Saladino, el temible sultán musulmán que había derrotado años atrás a los cristianos y había recuperado Jerusalén en nombre de Alá. Con objeto de impresionar a su afamado adversario, y en una muestra de poderío, Ricardo habría cortado el tronco de un árbol con un solo golpe de su espada. Entonces, Saladino, con mucha calma, habría desenvainado la suya y dejado caer sobre ella un tenue pañuelo de seda. Si hacemos caso a la tradición, el pañuelo se partió en dos, pues hasta ese punto estaba afilada la hoja de acero, y al monarca cristiano le quedó muy claro que, con semejante arma, su rival no iba a ser fácil de dominar.

Casi con toda seguridad, esta anécdota nunca llegó a suceder, pero ilustra perfectamente la sorpresa que se llevaron los cruzados al encontrarse con las terribles espadas sarracenas, las mejores de las cuales estaban hechas de un extraño acero con unas cualidades de dureza y resistencia al desgaste fuera de lo normal, además de mantener un filo aparentemente inalterable y extraordinariamente cortante durante periodos prolongados de tiempo. Como todo lo malo que para los guerreros europeos aparecía por Tierra Santa solía proceder de lo que hoy es Siria, no tardaron

---

17 Llevada a cabo entre 1189 y 1192, la tercera cruzada fue un intento cristiano de reconquistar Tierra Santa tras los grandes triunfos del sultán Saladino. Aunque los cruzados consiguieron recuperar algunas plazas importantes como Acre o Jaffa, no pudieron llegar a tomar de nuevo Jerusalén.

en bautizar el peculiar acero como «de Damasco»[18] o «damasquino», afanándose por obtener a toda costa alguna de esas preciadas armas para uso propio.

El caso es que a aquellos cruzados procedentes de la península ibérica el acero de Damasco no debió de llamarles mucho la atención; no en vano llevaban enfrentándose a una variante suya desde hacía siglos, en concreto desde la época de Abderramán I. En efecto, el último de los Omeyas había llegado a al-Ándalus en el año 755 escapando de los abasíes, que habían masacrado a casi toda su familia, y tanto él como su pequeño contingente de fieles portaban con ellos el secreto de aquel formidable acero. Con el tiempo, el empleo de las armas damasquinadas se convirtió en una de las mayores ventajas militares del emirato y del posterior califato, dando lugar a una tradición que desembocaría en el gran prestigio de España en la fabricación de armamento, sobre todo en Toledo.

Pero ¿cuál era el secreto del acero de Damasco, si es que realmente la técnica era originaria de allí? En primer lugar, hay que decir que no conocemos la receta al 100 %, ya que la producción fue declinando con el tiempo hasta ser abandonada por completo en el siglo XIX. Además, el sigilo con el que se trabajaba en las fraguas hizo que no existan documentos antiguos que describan la técnica en detalle, por lo que tenemos que utilizar nuestros conocimientos actuales de química y metalurgia para hacernos una idea. De hecho, muchos experimentos y pruebas llevados a cabo en las últimas décadas han dado como resultado un conocimiento bastante preciso de cómo debió fabricarse este legendario acero y de qué características tenía.

Por otra parte, los historiadores han puesto de manifiesto que el acero de Damasco no fue en modo alguno una innovación del mundo árabe, sino que llegó a Oriente Próximo procedente del sur

---

18 En realidad, las referencias a un cierto acero de Damasco ya son mencionadas por eruditos árabes de los siglos IX y X, aunque al menos en algunos casos no parece tratarse de la aleación que nos ocupa. La ciudad fue durante mucho tiempo un importante centro de venta y distribución de armas, por lo que es probable que la mayor parte del acero que se vendía no procediese de allí. Desde ese punto de vista, es muy posible que la denominación «de Damasco» o damasquinada se convirtiese más bien en una especie de marca comercial de la época.

Armero de Damasco hacia 1900. Durante siglos, el nombre de la ciudad estuvo ligado a las hojas de acero más famosas del mundo [Wikimedia Commons].

de la India y de Sri Lanka, zonas en donde una aleación de cualidades similares venía fabricándose por lo menos desde el siglo I a. C. y puede que desde bastante antes. Allí, los herreros habían desarrollado una técnica conocida como acero *wootz*[19], un material con un alto contenido de carbono que muestra patrones en forma de bandas o motas hechas de micropartículas de carburos que le dan su aspecto característico. Por tanto, se trata de una modalidad de acero de crisol que, en forma de lingotes, comenzó a circular en la zona de Levante hacia el año 300 de nuestra era.

---

19   La palabra *wootz* podría proceder del vocablo hindú *ukku*, que significa «acero».

De acuerdo con las investigaciones más recientes, el proceso tradicional para fabricar acero de Damasco consistía primero en calentar el mineral de hierro en presencia de carbón vegetal para obtener el metal. A continuación, después de forjar la pella de hierro con el yunque y el martillo, el metal se calentaba en un crisol de arcilla cerrado herméticamente junto con cierta cantidad de carbón, un proceso que terminaba arrojando un acero con un contenido de carbono entre el 1,4 y el 2,1 %. Los lingotes así producidos servían para fabricar armas que se forjaban a temperaturas rojo sangre o rojo cereza (650-850 °C) y después se templaban en agua, dando lugar a hojas con excelentes condiciones de resistencia y tenacidad. Mientras tanto, los herreros cristianos solían trabajar con un material con menor contenido de carbono y a mayores temperaturas, razón por la cual no llegaron a dar nunca con el secreto.

Ciertamente, hay aleaciones modernas que superan de largo las propiedades del moderno acero de Damasco[20], pero en la época de las cruzadas debió de causar sensación. Con el tiempo, las extraordinarias características de las espadas fabricadas con acero damasquinado dieron lugar a leyendas de todo tipo, como las que proclamaban la posibilidad de cortar el cañón de un rifle de un tajo o partir en dos un pelo de cabello humano que se dejase caer sobre el filo, algo muy parecido a lo narrado en la historia de Ricardo y Saladino. Pero lo que es casi seguro es que el caudillo musulmán portaba una de estas formidables espadas cuando reconquistó Jerusalén para los suyos, y también durante el famoso episodio —este sí, totalmente real— en el que, después de la batalla de los Cuernos de Hattin, mató con su propia mano a Reinaldo I de Châtillon, el malvado y cruel cruzado que tantas veces había vulnerado acuerdos y juramentos[21].

---

20   El acero damasquinado moderno —que sin duda se parece mucho al antiguo— se utiliza principalmente para fabricar cuchillos de alta gama.

21   De acuerdo con el cronista Imad al-Din, tras ser capturado Reinaldo bebió agua fría que le había pasado el también cautivo Guy de Lusignan, a la sazón rey de Jerusalén. De acuerdo con la tradición musulmana, este acto impediría a Saladino matarlo, pero el enojado sultán le negó la medida de gracia alegando que el rey no le había pedido permiso para darle de beber a su indigno compañero.

Por lo demás, resulta sorprendente que, más de mil años antes de las cruzadas y en un lugar tan alejado de allí como China, los avezados artesanos del Celeste Imperio ya pudieran haberse topado con otra extraña aleación que proporcionaba al armamento extraordinarias propiedades. El rastro de ello se ha encontrado cerca de Xi'an, entre las estatuas del fantástico ejército de terracota, que lleva maravillando al mundo desde que salió a la luz en 1974[22]. En esta ocasión, no se trata de acero, sino del bronce de las espadas con las que están equipados los famosos guerreros, que enseguida llamó la atención de los especialistas dado que, después de dos milenios, se encontraban casi en perfecto estado de conservación sin apenas rastro de corrosión. Esto es muy raro en objetos de bronce tan antiguos, ya que al pasar el tiempo pronto se cubren con la típica pátina de color verde. Por el contrario, las espadas del ejército de terracota conservan tanto su filo como el tono gris metalizado original.

¿Cómo es esto posible? La respuesta puede estar en que partes de las hojas de bronce se encuentran recubiertas de un extraño revestimiento de óxido de cromo de entre 10 y 15 micrones de espesor, que las ha protegido de las inclemencias a lo largo de los siglos. Ahora bien, si tenemos en cuenta que este elemento químico no fue identificado hasta finales del siglo XVIII y que sus propiedades como aditivo protector contra la corrosión datan de finales del XIX, su presencia en unas armas de la época de Jesucristo plantea no pocas preguntas.

Verdaderamente, la explicación más sencilla al misterioso hallazgo es que el cromo provenga de la contaminación accidental del bronce durante el proceso de forjado de las espadas. Tal vez los herreros encargados del asunto trabajasen en la cercanía de algún mineral de cromo, como la cromita. Sin embargo, la proporción del metal *protector* en las hojas parece demasiado alta como

---

22 El ejército de terracota es un impresionante conjunto de miles de estatuas enterradas en fosas de varios metros de profundidad y dispuestas en formación de combate, que representan a los guerreros, caballos y carros del primer emperador de China, Qin Shi Huang (221-206 a. C.).

Guerreros de terracota [Lai Ching Yuen/Shutterstock].

para que el mineral no fuese añadido a propósito. ¿Descubrieron, pues, los artesanos chinos una aleación inoxidable miles de años antes que nosotros? Lo más probable es que no. El revestimiento de cromo solo ha sido encontrado en las armas que portaban los guerreros, y no en otros objetos de bronce hallados en la zona. Además, no todas cuentan con el revestimiento y, cuando lo hay, está principalmente cerca de la empuñadura, lo que resulta raro porque las armas suelen forjarse de una sola pieza.

Una segunda explicación plausible es que el cromo proceda de los pigmentos o de la laca que en su día recubrían las empuñaduras y las fundas de las espadas. Al pudrirse las sustancias orgánicas, el cromo pudo pasar a la zona de la hoja que se encuentra más próxima y contaminarla. Una vez allí, el cromo habría capturado el oxígeno que entrase en contacto con la superficie, formando una capa protectora que impediría la corrosión del bronce. El problema de esta alternativa es que no explica por qué hay partes de las hojas metálicas menos expuestas a la contaminación por cromo que también se conservan estupendamente.

Las investigaciones más recientes apuntan a que tal vez la excelente conservación de las armas no se deba, después de todo, al cromo, sino más bien a la composición del suelo donde se encontraron: un tipo de tierra integrada por minerales con un ligero grado de acidez que forman un polvo de grano fino, ideal para la conservación del metal. Finalmente, hay un sector minoritario de expertos que opina que, tal vez, los antiguos herreros chinos desarrollaron algún tipo de técnica de cromado al descubrir casualmente que, al mezclar ciertos minerales con el bronce, los objetos quedaban protegidos contra la corrosión.

¿Cuál es la respuesta correcta? Lo más probable es que el formidable estado de conservación del metal de las armas del ejército de terracota se deba a una combinación de la acción del suelo con el cromado accidental de las zonas cercanas a la empuñadura, consecuencia de la degradación de pigmentos ricos en algún tipo de mineral de cromo. Por supuesto, esto no acaba del todo con el misterio, ya que también habría que explicar de dónde sacaron los artesanos el mencionado mineral y para qué lo añadieron a los pigmentos. En cualquier caso, la sorprendente protección de cromo, con dos milenios a cuestas, no ha caído en saco roto. Los ingenieros militares chinos han aprendido la lección y han empezado a tratar el ánima de los modernos cañones con un recubrimiento similar, con objeto de protegerlos de las altas temperaturas y presiones que soportan, así como de la corrosión y el roce de las municiones.

Sin duda, tanto el antiguo acero de Damasco como las fantasmales armas del ejército de terracota nos enseñan que el estudio de nuestro pasado arroja a menudo sorprendentes enseñanzas acerca de áreas del conocimiento aparentemente tan alejadas entre sí como la historia, la química y la mineralogía.

El ejército de terracota custodia la tumba del primer emperador de China, Qin Shi Huangdi, enterrado con miles de figuras a tamaño real [Robert Harding Video/Shutterstock].

LA BACTERIA DE LOS MILAGROS

Corría el año del Señor de 1263. El sacerdote que oficiaba la misa en la pequeña localidad de Bolsena llevaba tiempo experimentando una crisis de fe. En concreto, no tenía nada claro el asunto de la transustanciación. En la hostia consagrada, el dubitativo pastor seguía viendo un simple pedazo de pan, pero nada parecido al cuerpo de Cristo. Cada vez que oficiaba una misa, se preguntaba qué había de verdad en toda esta liturgia. Sin embargo, ese día se llevaría la mayor sorpresa de su vida. ¡De repente, en medio de la ceremonia, en el momento en que bendecía los alimentos de la eucaristía, parecieron brotar de la hostia que sostenía en su mano unas cuantas gotas de sangre! Asombrado, el atribulado sacerdote comprobó que, cuando intentaba limpiarlas, seguían saliendo más, hasta el punto de manchar tanto su ropa como el mantel que cubría la mesa, en este último caso dibujando, de paso, una especie de cruz. ¡Los feligreses no se lo podían creer y, temblando de emoción, salieron de la iglesia en todas direcciones anunciando el milagro!

No lejos de allí, en Civitavecchia, el papa Urbano IV andaba veraneando con su corte cuando fue informado del prodigio. Conmocionado, decidió emitir la bula *Transiturus de hoc mundo*, en la que instituía el Corpus Christi como una de las fiestas más importantes de la Iglesia Católica, condenando de paso ciertas herejías acerca de la transustanciación. También promovió la construcción de la catedral de Orvieto, en la que aún se conservan las supuestas ropas manchadas de sangre. Siglos más tarde, el célebre pintor renacentista Rafael inmortalizaría el suceso en el fresco conocido como *La misa de Bolsena*, que puede ser contemplado en la Stanza di Eliodoro del palacio Apostólico, en el Vaticano.

Aunque el milagro de Bolsena es probablemente el caso de transustanciación más famoso de toda la historia del cristianismo, la verdad es que a lo largo del tiempo se han producido muchos otros. Uno de los más célebres tuvo lugar en Alemania, en la iglesia de Wilsnack, hacia 1383, cuando un sacerdote depositó en el altar tres hostias consagradas reservadas para los enfermos. A medida que pasaban los días, las hostias comenzaron a ensangrentarse. Preocupado y algo escéptico ante el sorprendente fenómeno, el obispo de Havelberg se acercó a Wilsnack... ¡solo para comprobar que otra hostia que había traído consigo también se enrojecía al colocarla junto a las demás!

La Misa de Bolsena, tema representado por Rafael en las Estancias del Vaticano, recrea el milagro ocurrido en el siglo XIII cuando, según la tradición, una hostia consagrada comenzó a sangrar durante la celebración de la misa. El episodio tuvo una gran repercusión en la teología medieval y contribuyó a reforzar la doctrina de la transubstanciación, según la cual el pan y el vino se convierten en el cuerpo y la sangre de Cristo [Wikimedia Commons].

Durante siglos, hubo pocas dudas entre los fieles de que estos episodios eran ni más ni menos que auténticos milagros; hasta que en 1823 al químico italiano Bartolomeo Bizio (1791-1862) le dio por investigar qué podía haber detrás de unas extrañas manchas rojas que aparecían a menudo en las comidas a base de polenta y a las que, por supuesto, la gente otorgaba también un origen sobrenatural. Bizio, que fue uno de los padres de la microbiología, identificó correctamente que las manchas eran provocadas por un microorganismo al que bautizó como *Serratia marcescens*[23], que proliferaba a sus anchas en la harina que muchas veces se almacena en lugares calientes y húmedos. De hecho, se trata de una bacteria gramnegativa que crece en un rango amplio de temperaturas y que se encuentra un poco por todas partes, siempre y cuando haya humedad e hidratos de carbono. Por ejemplo, es fácil localizarla entre las baldosas de las cocinas.

A partir del descubrimiento de Bizio, y dado que resultaba evidente que la recién identificada bacteria segregaba algún tipo de colorante cuando crecía en las muestras contaminadas, varios investigadores comenzaron a buscar la posible asociación de la *Serratia* con los supuestos casos de transustanciación. El famoso naturalista alemán Christian Ehrenberg, por ejemplo, catalogó más de cincuenta episodios, entre ellos, por supuesto, el de Bolsano. Sin embargo, fue preciso esperar hasta 1902 para que se aislase definitivamente el enigmático pigmento, que, no por casualidad, recibió el pintoresco nombre de «prodigiosina»[24].

Una vez identificada la prodigiosina, empezó a quedar bastante claro qué era lo que sucedía en los pretendidos milagros. En el ambiente oscuro y húmedo que caracterizaba los sagrarios de muchas iglesias del norte de Europa, era bastante fácil que el pan sin fermentar que constituye las hostias se contaminase con la bacteria, que comenzaría a segregar prodigiosina tras haberse

---

23   En honor del monje benedictino y científico Serafino Serrati. En cuanto a la voz *marcescens*, Bizio hizo referencia al hecho de que las manchas se decoloraban al poco tiempo.

24   La estructura química de la prodigiosina, de nombre IUPAC 4-Metoxi-5-[(Z)-(5-metil-4-pentil-2H-pirrol-2-ilideno)methil]-1H,1'H-2,2'-bipirrol, una molécula orgánica de bastante complejidad, fue desentrañada finalmente en 1960.

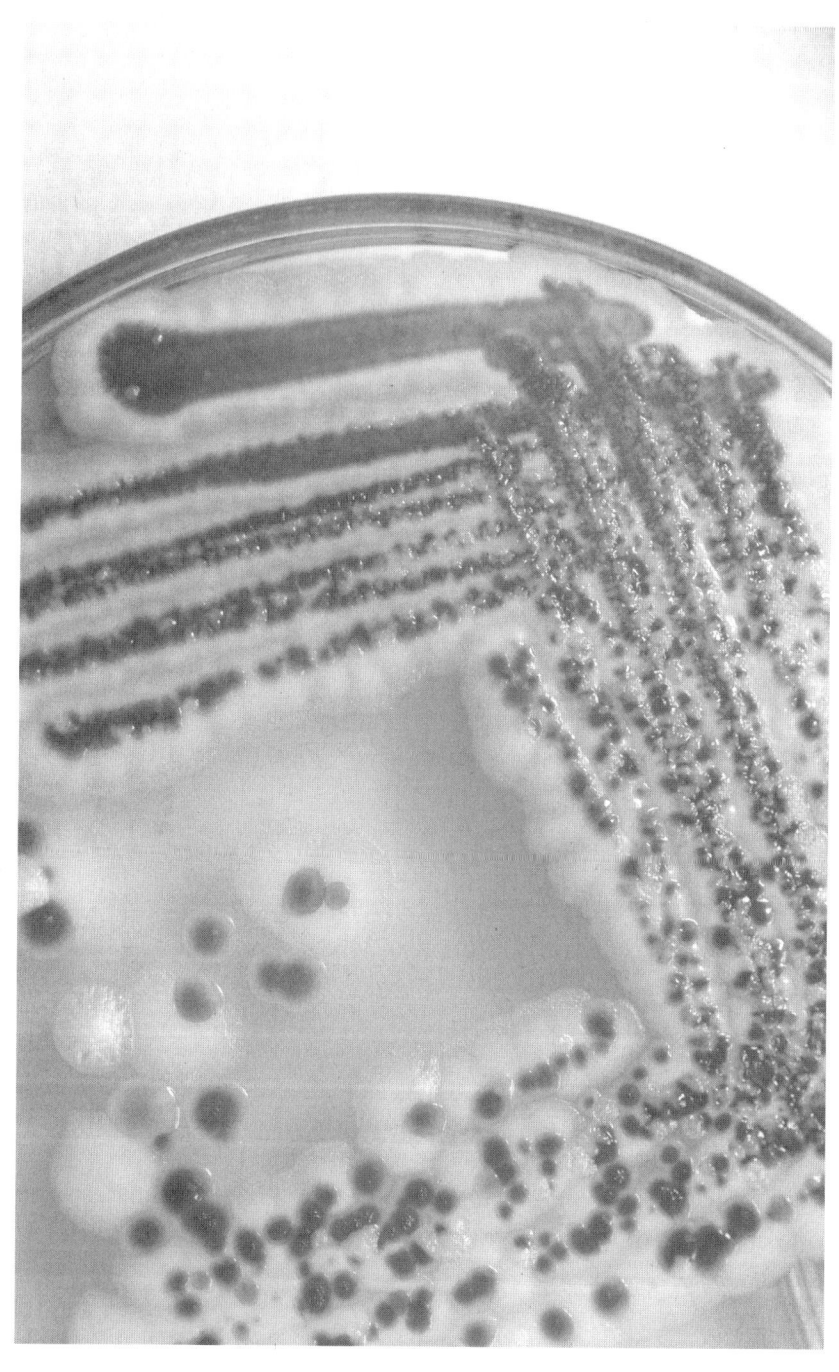

Cultivo de *Serratia marcescens* [Sinhyu Photographer/Shutterstock].

puesto «como el Quico»[25]. Sin duda, eso es lo que sucedió en el caso de Wilsnack, donde, al parecer, el altar donde estaban depositadas las hostias estaba húmedo como consecuencia de las recientes lluvias. Más difícil resulta explicar el milagro de Bolsena de esta manera, ya que el pigmento normalmente permanece en el entorno de la colonia de bacterias y no gotea.

Sea como fuere, es interesante comprobar cómo las andanzas de significancia histórica de la *Serratia* y su mágico pigmento pueden que hayan sido mucho más antiguas que las transustanciaciones medievales, ya que tal vez debamos remontarnos nada menos que a los tiempos de Pitágoras para encontrar el primer rastro documentado del microorganismo. En efecto, en la *Vitarium auctio*, una obra satírica de Luciano de Samosata, el autor describe cómo un seguidor del gran filósofo griego recomienda lo siguiente: «Hierve una [habichuela] y exponla a la luz de la luna por un adecuado número de noches y tendrás sangre». De ser esta una tradición pitagórica, la extraña receta pudo estar detrás del documentado rechazo a comer judías por parte del filósofo, que detestaba el derramamiento de sangre.

Más explícito y de mayor calado histórico parece ser lo sucedido en el año 332 a. C. durante el asedio de la ciudad de Tiro por parte de Alejandro Magno, si atendemos a lo que relata el historiador romano Quinto Curcio Rufo en su *Historia de Alejandro Magno*. Según el texto: «Unos soldados, en el momento de cortar unas rebanadas de pan, vieron brotar unas gotas de sangre; el rey se asustó y Aristandro, el más entendido de los adivinos, declaró que si la sangre se hubiera vertido por la parte de afuera, hubiera sido un mal presagio, pero, por el contrario, puesto que fluía de la parte de adentro, anunciaba la pérdida de la ciudad»[26].

Para las tropas de Alejandro, semejante augurio obviamente supuso una potente inyección de moral; no en vano, tardaron muchos meses en hacerse con la inexpugnable ciudad. Cuando

---

25 Las colonias de *Serratia* suelen presentar una tonalidad rosada que se vuelve rojo sangre cuando hay abundancia de comida.
26 Curcio Rufo, Qunito. *Historia de Alejandro Magno*. Editorial Iberia; pp. 32-42.

Detalle del llamado mosaico de Alejandro, hallado en la Casa del Fauno de Pompeya y datado en torno al año 100 a. C. La escena representa la batalla de Issos, en la que Alejandro Magno se enfrenta al rey persa Darío III. La obra está compuesta por miles de pequeñas teselas que permiten recrear volúmenes, sombras y expresiones con una precisión sorprendente [Wikimedia Commons].

finalmente cayó, la ira del macedonio se tradujo en ocho mil personas ejecutadas (dos mil de ellas crucificadas) y unas treinta mil vendidas como esclavos. Pero lo más interesante de este truculento episodio es que, en un momento en el que todavía faltaban siglos para el advenimiento de la fe cristiana, resulta bastante sospechosa la similitud de lo acaecido en Tiro con lo sucedido en el milagro de Bolsano. Es difícil asegurar que la *Serratia* y la prodigiosina estuvieran detrás de estos y otros incidentes similares, pero no cabe duda de que es algo muy probable, sobre todo si tenemos en cuenta que se ha comprobado su responsabilidad en algunos casos más recientes, aunque menos espectaculares. Entre ellos, uno acaecido en 1910 en una iglesia napolitana que a punto estuvo de provocar algún que otro desmayo.

Pero si creen ustedes que la historia termina aquí, están muy equivocados. Por arriesgado que pueda parecer, la costumbre de la ya famosa bacteria de colorear sus colonias con el llamativo color rojo sangre hizo que, a partir de 1906[27], los cultivos de *Serratia* comenzasen a ser utilizados como marcadores biológicos para llevar a cabo estudios de contaminación y transmisión de enfermedades respiratorias. El característico color de la prodigiosina hacía muy atractiva esta práctica, que llegó a su culmen en 1950, cuando la Armada estadounidense arrojó al mar, cerca de San Francisco, grandes cantidades del microorganismo con el fin de comprobar el grado de exposición de la población civil a un posible ataque bacteriológico. Como consecuencia de ello, se detectaron en la ciudad varios casos de infección urinaria, así como el primer caso registrado de endocarditis fatal por infección con *Serratia marcescens*.

Pocos años después de este turbio asunto, tuvo lugar también en Estados Unidos el famoso «caso del pañal rojo», en el que el hijo de un profesor de genética de la Universidad de Wisconsin

---

27 Por esas fechas, se llevó a cabo un estudio sobre la higiene en el ambiente de la Cámara de los Comunes, en Londres, bajo la batuta de Mervin Henry Gordon, un conocido microbiólogo. A Gordon se le ocurrió hacer gárgaras con un cultivo de Serratia y luego ponerse a declamar en voz alta. Después, a través de la localización de restos de prodigiosina pudo determinar hasta dónde se había diseminado la bacteria.

teñía los pañales de ese color al rato de hacer en ellos sus deposiciones. Como no podía ser de otra manera, el coprocultivo puso de manifiesto la presencia de la inefable bacteria. La investigación epidemiológica subsiguiente demostró que en el laboratorio de bioquímica de la universidad se trabajaba con aerosoles a base de *Serratia*, que habían contaminado también el laboratorio de genética en el que trabajaba el padre.

De este modo, las crecientes evidencias de que la bacteria resultaba potencialmente peligrosa acabaron con su carrera como marcador biológico, pero lo cierto es que, con el tiempo, la otrora prodigiosa *Serratia* se ha convertido en un patógeno oportunista responsable de graves infecciones hospitalarias que afectan sobre todo al tracto urinario.

Por lo demás, y por si fuera poco, la sorprendente sustancia que segrega parece estar haciéndose un hueco en la investigación médica de vanguardia; con razón, la prodigiosina hace honor a su nombre mostrando un impresionante rango de aplicaciones como antibiótico[28], antifúngico, inmunosupresor y azote de la malaria, además de haberse convertido en un medicamento altamente prometedor para combatir el cáncer debido a su capacidad para provocar el suicidio (apoptosis) de las células cancerosas a través de mecanismos todavía no bien conocidos.

Como pueden comprobar, la prodigiosina no ha dicho ni mucho menos su última palabra, pasando de su larga tradición de embaucar a los fieles a su reciente y mucho más noble papel como líder en el combate contra el cáncer. Quién lo iba a decir: después de todo, tal vez el *jugo* de la *Serratia* termine de verdad obrando milagros.

---

28 Esta capacidad antibiótica es probablemente la razón evolutiva por la que *Serratia marcescens* segrega la prodigiosina, cuyo fin original sería defender al microorganismo de la agresión de otras bacterias o de las células eucariotas.

EL FALSO RUBÍ DEL PRÍNCIPE NEGRO

A pesar de que más tarde se convertiría en una leyenda de la corona británica, las primeras ceremonias del reinado de la reina Victoria no estuvieron acompañadas, precisamente, de buenos augurios. Durante su ceremonia de coronación, el 28 de junio de 1838 en la famosa abadía de Westminster, la jovencísima reina de diecinueve años ya tuvo que soportar un caótico ceremonial de cinco horas de duración, en el transcurso de la cual entre otras lindezas, el arzobispo de Canterbury se empeñó en encajarle en el dedo anular un anillo diseñado para el meñique y le colocó mal la nueva corona imperial del Estado, lo que le provocó molestias y dolor de cabeza. Victoria, que se quejó del peso e incomodidad del artefacto, volvería a enfrentarse a otro incidente parecido en 1845, durante la apertura del Parlamento, cuando al duque de Argyll, que caminaba detrás de ella portando la enorme corona, se le cayó accidentalmente, provocando un momento embarazoso, no solo porque sucediese en plena ceremonia, sino también porque los presentes temieron que pudiera romperse alguna de las preciadas joyas engarzadas, fundamentalmente el legendario rubí del Príncipe Negro.

Esta joya, una de las más famosas del planeta, es la más llamativa de la corona imperial, una impresionante pieza que contiene la friolera de 2868 diamantes, 273 perlas, 17 zafiros, 11 esmeraldas y 5 rubíes, entre ellos, el diamante conocido como «segunda estrella de África», el zafiro de San Eduardo[29] y, presidiéndolo

---

29 La segunda estrella de África es un gran diamante de 317,4 quilates procedente del Cullinan, el mayor diamante extraído hasta la fecha, que en bruto pesaba más de 3000 quilates y del que se obtuvieron 150 piedras talladas. El zafiro de San Eduardo, por su parte, lleva el nombre de Eduardo el Confesor, uno de los últimos reyes anglosajones de Inglaterra, quien durante su coronación en 1042 ya lució un anillo con esta extraordinaria gema.

Retrato oficial de la reina Victoria realizado por George Hayter tras su coronación, celebrada en 1838. La imagen sigue el modelo de los grandes retratos de Estado, en los que cada elemento —la corona (con el rubí en la parte frontal), el manto, las joyas o el trono— refuerza la idea de autoridad y continuidad dinástica. Durante su largo reinado, el Reino Unido vivió una profunda transformación industrial y científica, hasta el punto de que la época acabaría dando nombre a todo un periodo histórico, la era victoriana [Royal Collection].

El rubí del Príncipe Negro, en la parte frontal de la Corona imperial del Estado [Wikimedia Commons].

todo, la gigantesca gema sin tallar en forma de octaedro irregular, de un espectacular rojo brillante, que con sus 107 quilates y más de cinco centímetros de largo corta el aliento del que la contempla. Y el caso es que en realidad no se trata de un rubí, sino de una espinela roja, algo que los ingleses descubrieron en el siglo XIX cuando los especialistas aprendieron a distinguir los rubíes verdaderos, una de las formas del corindón, de otras gemas de color rojo visualmente muy parecidas, como la espinela. Esta última es un óxido de magnesio y aluminio que, a menudo, forma cristales octaédricos y tiene dureza 8 en la escala de Mohs, mientras que el corindón está compuesto principalmente por óxido de aluminio, que cristaliza en el sistema hexagonal y presenta dureza 9 en la mencionada escala, lo que lo convierte en el segundo mineral más duro conocido, únicamente por detrás del diamante. Sin embargo, las joyas confeccionadas con ambos minerales son muy parecidas tanto en brillo como en color, aunque el rubí presenta doble refracción[30].

---

30 La doble refracción, o birrefringencia, es un fenómeno que sucede cuando un rayo de luz se divide en dos al atravesar ciertos materiales cristalinos, dando lugar a dos rayos que se propagan a diferentes velocidades y en distintas direcciones.

Pero la pregunta es: ¿a qué debe su fama el mal llamado rubí del Príncipe Negro? La respuesta es que, con la posible excepción del Koh-i-noor[31], no existe otra joya en el mundo con una historia más apasionante. O más bien de dos, ya que existen dos versiones de las primeras vicisitudes de la famosa espinela, aunque ambas comparten una historia común a partir de su llegada a las manos de Eduardo de Woodstock, el Príncipe Negro[32]. La versión más extendida apunta a que la gema es originaria de la mina Kuh-i-Lal, situada en el actual Tayikistán, o, en su defecto, a la región afgana de Badajshán, limítrofe con aquel, una zona que a lo largo de la Edad Media fue el origen de las grandes espinelas que hoy en día se encuentran en muchos tesoros nacionales. De hecho, estas piedras fueron conocidas durante siglos en España como «balajes», un nombre que procede del árabe *balaḫšī* (badajshaní). Extraídas y talladas en tan lejano lugar, llegaban a los mercados de Oriente Próximo a través de la célebre Ruta de la Seda, de donde pasaban a manos de mercaderes venecianos y genoveses que las distribuían por todo el Mediterráneo.

Los genoveses, en concreto, tenían buenas relaciones con los reyes de Granada, por lo que es muy posible que la espléndida gema acabase, junto con otras, en el tesoro real de los monarcas granadinos a principios o mediados del siglo XIV. Pero, en el contexto de las turbulencias internas del último estado musulmán de la península ibérica, Muhammad V, a la sazón sultán nazarí, fue depuesto en 1359 por su hermanastro Ismail. Como consecuencia, tuvo que huir de palacio disfrazado de esclava, cruzar el Estrecho y terminar refugiado en Fez. Ismail, por su parte, apenas duró 10 meses; fue asesinado y sucedido por su cuñado Muhammad VI,

---

31 El Koh-i-Noor («montaña de luz», en persa) es un enorme diamante de 105 quilates que arrastra una asombrosa historia de sangre e intrigas desde que fue tallado en la India hace más de 700 años. A través de los siglos, ha pasado por innumerables manos hasta acabar entre las joyas de la corona británica como botín de guerra. Según la tradición, una maldición persigue a los varones que lo poseen, por eso está engarzada en la corona de la Reina Madre, que solamente pueden portar las reinas consortes.

32 Existen dos versiones de por qué al primogénito del rey Eduardo III se le llamaba el Príncipe Negro. La primera apunta a que vestía una armadura negra y su escudo de armas tenía el fondo negro, mientras que la otra lo justifica como un apodo muy posterior, de connotaciones negativas, otorgado por cronistas franceses.

conocido por los cristianos como el Bermejo, ya que era pelirrojo. Entonces, el otro Muhammad regresó, aliándose con el rey castellano Pedro I el Cruel para recuperar el trono. Muhammad VI intentó resistir, pero una rebelión de varias ciudades partidarias del sultán exiliado acabó por derrocarle. Así, el 13 de abril de 1362, fecha oficial en la que nuestra espléndida gema hace su aparición en la historia, el atribulado usurpador abandonó Granada con algunos seguidores, llevándose consigo a la chita callando el tesoro real nazarí. La idea del bueno de Mohammed era comprar el apoyo, o al menos la protección de Pedro I, pero el rey cristiano le tendió una celada y, haciéndole creer que aceptaba darle alojamiento, dio orden de detenerlo y desvalijarlo durante la sobremesa de una cena supuestamente celebrada para agasajarle. Después, haciendo honor tanto a su amistad con Mohammed V como a su sobrenombre, ejecutó al Bermejo de forma cruel, lo alanzó junto a sus principales seguidores y, por último, envió su cabeza al repuesto monarca nazarí.

Pero ¿cómo sabemos que por allí andaba la célebre espinela? Porque en las crónicas de lo sucedido, principalmente la de Pedro Pérez de Ayala, se describen al detalle las joyas de las que se apoderaron los cristianos, entre ellas «tres piedras balajes, muy nobles y muy grandes», una de las cuales parece más que probable que fuese la que nos ocupa. Pedro I las añadió a su propio tesoro, pero no llegó a disfrutarlas mucho tiempo, ya que unos años después, en 1366, hubo de enfrentarse a la amenaza de Enrique de Trastámara, que reclamaba el trono de Castilla y desencadenó una terrible guerra civil con el apoyo de tropas aragonesas y francesas.

En agosto de ese mismo año, con la situación militar muy en su contra, al Cruel[33] no le quedó más remedio que viajar a Bayona a pedir la ayuda del Príncipe Negro y llevar consigo parte de su impresionante arsenal de joyas. Eduardo de Woodstock —uno de los mejores militares de su época, artífice de la gran victoria

---

33 El sobrenombre de «el Cruel» fue más bien cosa de los seguidores del Trastámara. Para sus propios partidarios, Pedro siempre fue «el Justo» o «el Justiciero», lo que demuestra que en materia de percepciones todo es relativo.

Eduardo III y el Príncipe
Negro tras la batalla
de Crécy, uno de los
grandes episodios de la
guerra de los Cien Años.
[Wikimedia Commons].

inglesa de Poitiers en la guerra de los Cien Años— aceptó apoyar al rey castellano a cambio de un botín de tierras y riquezas que el taimado Pedro más tarde se negaría a pagar. Dirigido por Eduardo, el ejército de Pedro derrotó al de Enrique en la segunda batalla de Nájera, aunque, a la larga, la victoria no le sirviera para impedir su muerte a manos de su rival menos de dos años después[34].

En cualquier caso, una buena cantidad de oro y joyas del tesoro castellano habían ido a parar a las manos del entonces príncipe de Gales, quien, aunque tremendamente enfadado por la informalidad del rey castellano, finalmente se las llevó a Inglaterra. En la otra versión de esta historia, la joya se encontraba ya en Nájera desde el siglo x, vinculada al monasterio de Santa María la Real y procedente de quién sabe dónde, para acabar igualmente en manos del arruinado Eduardo. Sea como fuere, el *rubí* del Príncipe Negro debió causar sensación en la corte medieval inglesa, pues pocas décadas después apareció engastado en el casco del rey Enrique V durante la batalla de Agincourt, en el norte de Francia. Es allí donde la gema adquirió, al parecer, fama de proteger al que la lleva consigo, ya que se cuenta que el monarca fue golpeado durante la batalla por una flecha en la cabeza; a pesar de ello, tanto él como la joya se salieron de rositas.

Según la tradición, hubo más supervivencias milagrosas durante algún tiempo, aunque Ricardo III muriese en la batalla de Bosworth, en 1485, llevando encima la espinela como todos. A pesar del traspiés, y supersticioso como era, se dice que Enrique VIII taladró la gema para poder colgársela en el cuello y llevarla a todas partes; no obstante, es más probable que el agujero sea mucho más antiguo. En cualquier caso, los orfebres que lo engastaron más adelante en la corona imperial taparon el hueco con un pequeño rubí y le dieron el aspecto que tiene hoy en día. No acabaron ahí las aventuras de tan ilustre joya, ya que, tras la ejecución

---

34 Según la leyenda, en la famosa pelea entre Pedro y Enrique fue donde el condestable Beltrán Duguesclín, lugarteniente del Trastámara, pronunció la célebre frase: «Ni quito ni pongo rey, pero ayudo a mi señor».

William Hogarth pintó hacia 1745 al actor David Garrick en el papel de Ricardo III, uno de los personajes más intensos del teatro de Shakespeare. La escena representa el momento previo a la batalla de Bosworth, cuando el rey, atormentado por sus crímenes, cree ver los fantasmas de quienes ha mandado matar [Walker Art Gallery].

de Carlos I, el régimen republicano de Oliver Cromwell ordenó desmontar y fundir o vender muchas de las joyas de la corona por considerarlas símbolos de la monarquía. Milagrosamente, la enorme espinela sobrevivió y fue rescatada o recomprada tras la Restauración de Carlos II para acabar otra vez engarzada en una nueva corona. La inefable joya ha sobrevivido también al gran incendio de 1841 en la Torre de Londres y a varios intentos de robo; entre ellos, uno rocambolesco acaecido en 1671, cuando un aventurero irlandés de nombre Thomas Blood se hizo pasar por un clérigo protestante con el fin de ganarse la confianza del guardián de las joyas prometiéndole la mano de su hija para, a continuación, dejarlo inconsciente e intentar robar la corona imperial del Estado[35]. Se especula con que, en el transcurso de este incidente, la brillante espinela salió algo dañada, aunque no existen pruebas al respecto.

Y así, tras innumerables peripecias, el falso rubí del Príncipe Negro terminó descansando entre la colección de joyas más valiosa del planeta; tan solo sale de Pascuas a Ramos cuando se celebra la apertura del Parlamento británico. Los innumerables turistas que visitan cada año la Torre de Londres y observan asombrados su incomparable y magnético brillo escarlata, desconocen a menudo la increíble historia de sangre, traiciones y aventuras que jalonan la trayectoria de una gema única en el mundo. Y es que, después de tanto tiempo y tantas aventuras, la fantástica joya del Príncipe Negro ya no es ni un rubí ni una espinela. Es toda una leyenda.

---

35 Al final, la cosa no salió bien, ya que el hijo del guardián dio la alarma y Blood fue cazado *in fraganti*. Por suerte para él, el rey Carlos II no solo le perdonó, sino que el asunto debió hacerle tanta gracia que le regaló un paquete de tierras y le concedió una pensión sustanciosa.

TRUENOS EN ALGECIRAS Y
NAUFRAGIOS EN JUTLANDIA

Corría el invierno de 1343 y el asedio de Algeciras se prolongaba ya más de seis meses. Desde que Alfonso XI de Castilla derrotase por fin a los benimerines, tres años antes, con la ayuda de los portugueses en la famosa batalla del Salado, la obsesión del monarca castellano no había sido otra que hacerse con la gran ciudad portuaria del Estrecho, utilizada una y otra vez por invasores africanos desde los tiempos de los almorávides para adentrarse en la Península. La conquista de Algeciras, por tanto, suponía poner virtualmente fin a estas invasiones que tanto habían dificultado la progresión hacia el sur de los reinos cristianos durante los últimos dos siglos y medio.

Claro que, como no cabía esperar de otra manera, el asedio estaba siendo largo, duro y muy costoso. Los musulmanes se defendían muy bien y siempre cabía la posibilidad de que los ejércitos del vecino reino de Granada viniesen a socorrerles. Además, Alfonso se encontraba ahora muy preocupado, pues acababa de ser informado de una extraña amenaza que se cernía sobre sus tropas. De alguna manera, los defensores de Algeciras habían conseguido equiparse con unas armas inauditas que lanzaban enormes pellas de hierro a gran velocidad, lo que provocaba una gran mortandad entre los sitiadores. A este respecto, la *Crónica de Alfonso XI*, que en la parte dedicada al sitio de Algeciras parece haber sido escrita *in situ* por los escribas reales, reza así: «Tiraban muchas pellas de hierro que las lanzaban con truenos, de los que los cristianos sentían un gran espanto, ya que cualquier miembro del hombre que fuese alcanzado, era cercenado como si lo cortasen con un cuchillo; y como quisiera que el hombre cayera herido moría después, pues no había cirugía alguna que lo pudiera curar, por un lado porque venían ardiendo como fuego, y por otro, porque los polvos con que las lanzaban eran de tal naturaleza que cualquier llaga que hicieran suponía la muerte del hombre [...]».

Lanzar algo «con truenos» ya resulta bastante sorprendente, pero la referencia a que las pellas de hierro «venían ardiendo como fuego», junto con el detalle de que eran lanzadas con «polvos», pone en evidencia que las huestes castellanas se enfrentaron nada menos que a la pólvora; este hecho lo convierte, en efecto, en el primer episodio bien documentado del empleo de armas de fuego de cierta importancia en Europa. Y eso que sabemos que, probablemente como consecuencia de las invasiones mongolas, este tipo de armamento de vanguardia ya era conocido entre los musulmanes y los bizantinos al menos desde un siglo antes. El filósofo y teólogo inglés Roger Bacon (1214-1292), por ejemplo, habla de la pólvora ya en 1267, y, veinte años antes, el malagueño Abdalá-ibn-Baitar hace lo propio con el refinado del salitre, uno de los tres componentes esenciales de la mezcla. Además, la referencia al empleo de *engennos* (ingenios) en una crónica de Alfonso X el Sabio ha hecho que muchos hayan querido ver en el asedio cristiano de la ciudad de Niebla en 1262 la primera referencia bélica al empleo de armas de fuego en Occidente. Sin embargo, la palabra se usaba también para referirse a otro tipo de armas de asedio medievales, de modo que no existen realmente pruebas al respecto[36].

La autoría de la introducción de la artillería en Europa, más allá del rudimentario lanzamiento de metralla mediante tubos de madera o pequeños cañones de mano (la evolución de la famosa «lanza de fuego» china), es objeto de un enconado debate. De acuerdo con la tradición alemana, a principios o mediados del siglo XIV, un monje-alquimista llamado Bertoldo el Negro

---

36 Existen indicios de que durante la batalla de Mohi, en 1241, los mongoles pudieron utilizar la pólvora contra los húngaros. Sin embargo, los estudiosos se inclinan más por algún tipo de arma incendiaria (flechas o bombas de nafta) que por armas de fuego propiamente dichas.

(Bertholdus Niger o Berthold Schwarz) habría experimentado con la pólvora como impelente para armas de cierto calibre y potencia, lo que provocó el desarrollo de las piezas de artillería. A favor de esta hipótesis está el que los anales de la ciudad de Gante mencionan el empleo de armas de fuego en Alemania en 1313; asimismo, existe un relato fidedigno de su utilización en combate por parte de militares de origen germano en un asedio que tuvo lugar en el noreste de Italia en 1331. Sin embargo, el asunto es bastante confuso. Las fuentes que atribuyen a Bertoldo la autoría de las armas más pesadas son muy posteriores a su época y discrepan mucho en las fechas. Además, muchos historiadores lo consideran un personaje totalmente ficticio, cuyo sobrenombre sería una referencia a la propia pólvora o a la práctica de la alquimia como «arte negra».

BERTHOLD, SCHVVARTZ.

Este retrato grabado por Nicolas I Larmessin representa a Berthold Schwarz, un personaje envuelto en la leyenda al que la tradición europea atribuyó durante siglos la invención de la pólvora.

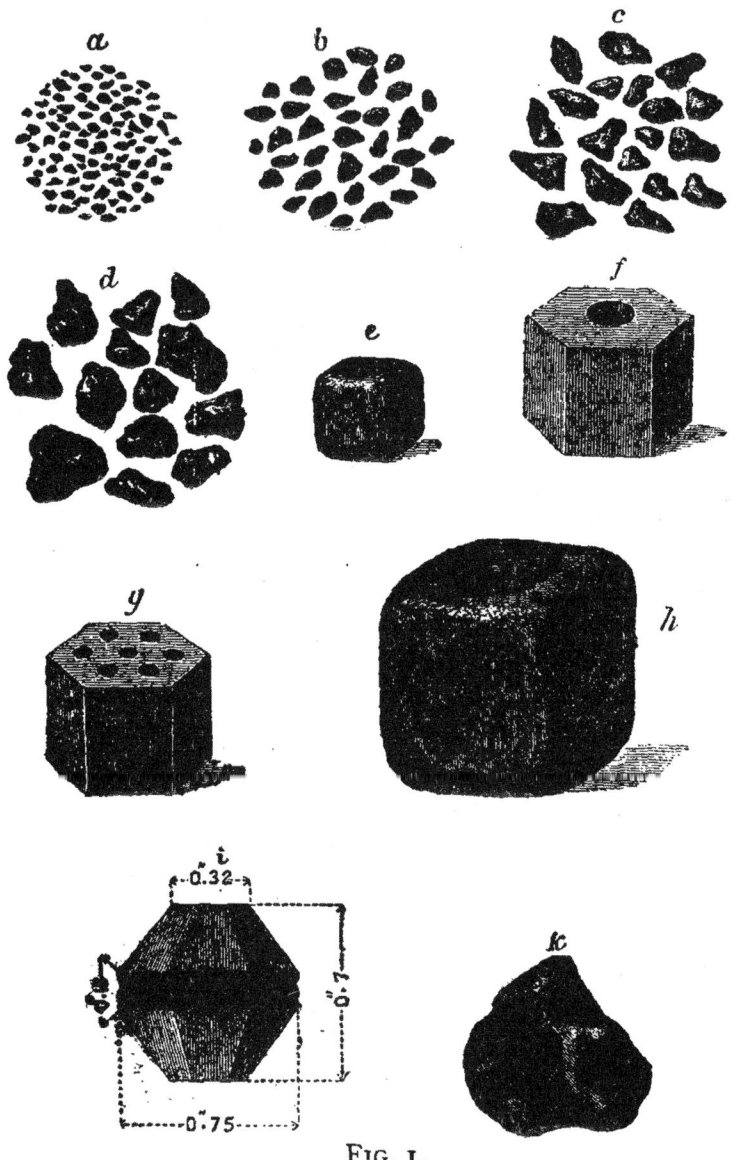

FIG. I.

Ilustración de pólvora procedente de la *Encyclopædia Britannica* (1911). Este compuesto, formado por nitrato potásico (salitre), azufre y carbón vegetal, fue uno de los grandes avances técnicos de la historia. Su capacidad para generar gases de forma rápida al arder permitió su uso en armas de fuego y artillería, transformando los conflictos desde la Edad Media. Aunque su origen se remonta a China, su difusión por Europa cambió de manera irreversible la forma de hacer la guerra.

En cualquier caso, la cuestión es que durante el sitio de Algeciras los defensores disfrutaron, sin duda, de la asistencia de algún tipo de artillería, lo cual ha quedado reflejado en la sensación de pavor entre sus enemigos que se desprende de la *Crónica de Alfonso XI*. Pero ¿por qué un cañón rudimentario generaba tanto temor? La respuesta está en la enorme diferencia entre un ingenio mecánico que lance piedras y uno que dispare proyectiles impulsados por la pólvora. Esta última no es más que una mezcla de carbón, azufre y salitre (nitrato potásico) en la que el salitre es la parte mayoritaria que actúa como oxidante. Cuando se prende, los gases que se forman en la deflagración se expanden casi instantáneamente, transmitiendo al proyectil una energía que lo lanza a una velocidad muy superior a la de las armas arrojadizas empleadas con anterioridad. Una flecha viaja, como mucho, a unos trescientos cincuenta kilómetros por hora si es lanzada por un arco, o hasta setecientos por una ballesta; en cambio, incluso la bala más lenta supera sin problemas los mil kilómetros por hora. Una bola de hierro (las «pellas» de Algeciras) disparada mediante pólvora tiene, por tanto, una capacidad destructiva muy superior a un pedrusco lanzado desde un trabuco o una catapulta. Como ejemplo, las murallas de Constantinopla, que llevaban siglos resistiendo todo tipo de asedios, no pudieron aguantar durante mucho tiempo los disparos de los grandes cañones que emplearon los turcos en 1453.

Lo curioso es que la utilización de la pólvora con fines militares se remonta a poco tiempo después de su invención, sucedida en China allá por el siglo IX, probablemente como consecuencia de experimentos alquimistas llevados a cabo con vistas a encontrar el elixir de la inmortalidad. Apenas unas décadas más tarde aparecen ya referencias a proyectiles incendiarios en las crónicas del Celeste Imperio, pero hasta el siglo XIII no parecen haberse desarrollado cañones rudimentarios. En cualquier caso, el advenimiento de las armas de fuego cambiaría para siempre el curso de los conflictos bélicos. Pronto, a la artillería se le añadieron armas portátiles, como el arcabuz, de corto alcance pero capaz de atravesar una armadura, algo que dejó inmediatamente obsoletos

Retrato de Christian Friedrich Schönbein (1799-1868), químico alemán conocido por el descubrimiento del ozono y por el desarrollo de la nitrocelulosa, también llamada algodón pólvora. Este material, obtenido al tratar la celulosa con ácidos nítrico y sulfúrico, arde con gran rapidez y sin dejar apenas residuos sólidos, lo que lo convirtió en un explosivo y propelente muy útil en el siglo XIX.

tanto el arco como la ballesta. En 1503, en la batalla de Ceriñola, el empleo masivo de arcabuces por las tropas del Gran Capitán revolucionó la estrategia militar e hizo que las guerras no volvieran a ser las mismas.

La pólvora dominaría el campo de batalla durante los siguientes 500 años hasta que se empezaron a desarrollar explosivos más potentes y con propiedades mejoradas. En efecto, la pólvora clásica, también conocida como pólvora negra, produce bastante humo —lo cual no solo es molesto para el que dispara, sino que delata su posición— y deposita residuos sólidos que, cuando se humidifican, contribuyen a corroer el ánima del cañón. Pero en la prodigiosa década de 1840 (ver «Gases que dan risa y sustancias de taberna») se aislaron la nitroglicerina y la nitrocelulosa, esta última descubierta por casualidad, cuando el químico germanosuizo Christian Friedrich Schönbein (1799-1868) trató de limpiar un derrame de ácido nítrico en la cocina de su casa con el delantal de algodón de su mujer. La celulosa del algodón reaccionó de inmediato con el ácido, transformándose en nitrocelulosa (algodón pólvora), lo que hizo que el delantal se inflamase en cuanto el atribulado esposo intentó secarlo en una estufa. Lo bueno del nuevo explosivo es que producía mucho menos humo que la pólvora —aunque en las piezas de artillería se nota menos el efecto— y apenas dejaba residuos. No obstante, su engorrosa tendencia a explotar espontáneamente hizo que su uso militar se retrasase hasta 1891, cuando se consiguió una mezcla más estable, combinando la nitrocelulosa con nitroglicerina y pequeñas cantidades de vaselina y acetona, que además podía prensarse en forma de cuerdas, por lo que se le dio el nombre de cordita.

Una vez inventada, la cordita pasó a ser el tipo de «pólvora sin humo» preferido por los ejércitos de todo el mundo, aunque el hecho de que la imprescindible acetona se obtuviese de la madera mediante un procedimiento que arrojaba un ridículo rendimiento del 1 % encarecía mucho el producto. Así, cuando comenzó la Primera Guerra Mundial, la fabricación de cordita se vio amenazada por la escasez de acetona, lo que llevó a los responsables de la Royal Navy británica a utilizar una mezcla más primitiva e

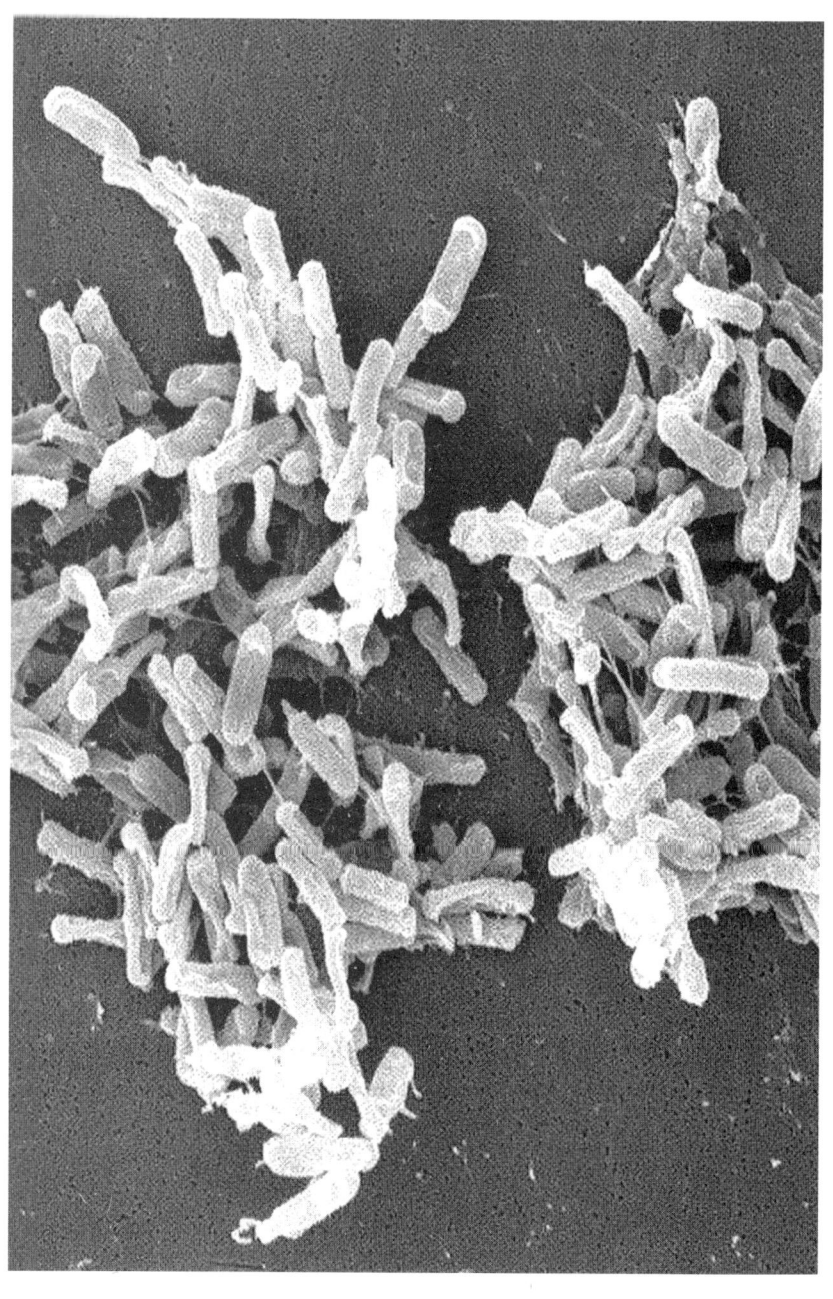

Clostridium spp., bacilos grampositivos, anaerobios estrictos y formadores de esporas.

inestable, pero bastante menos costosa de producir. Esa fue la pólvora utilizada por los barcos británicos en las batallas navales más famosas de la contienda, como la de Jutlandia.

La batalla de Jutlandia fue el mayor combate naval de la Gran Guerra, aunque su resultado dejó mal sabor de boca tanto a los británicos como a sus oponentes alemanes. Ciertamente, se trató de una victoria estratégica de los primeros, ya que la Flota de Alta Mar de su majestad el káiser no volvió a tener un papel relevante y quedó encerrada en los puertos alemanes durante el resto de la guerra; la Royal Navy, en cambio, sufrió la pérdida de 14 barcos, que incluían nada menos que tres modernos cruceros de batalla (Indefatigable, Queen Mary e Invincible) acompañados de seis mil muertos en total. En el Almirantazgo estaban consternados. ¿Cómo era posible que un poderoso navío de veinte mil toneladas, como el Invincible, explosionara por un único proyectil alemán que penetró desde la cubierta hasta el pañol de municiones? Obviamente, parte de la respuesta estaba en el pobre blindaje de la cubierta; lo mismo experimentaría otro de sus cruceros de batalla, el Hood, décadas más tarde durante la Segunda Guerra Mundial. Pero ¿qué había de la pólvora?

Los británicos comenzaron a sospechar que la cordita que almacenaba sus barcos, inestable y propensa a la explosión, tenía algo que ver en el asunto. Por suerte para ellos, Jaim Weizmann (1874-1952), un investigador judío de origen ruso que trabajaba en la Universidad Victoria de Manchester, descubrió que la bacteria *Clostridium acetobutylicum* producía acetona a partir de la miel de caña (melaza) con un rendimiento del 10 %. Weizmann le cedió la patente al Gobierno y allí se terminaron los sinsabores del Almirantazgo, que pasó a disfrutar de una pólvora más segura y con menor riesgo de explosión.

Cuenta la leyenda que los británicos estaban tan agradecidos a Weizmann, un sionista convencido, que le pagaron sus servicios favoreciendo el establecimiento de un «hogar nacional judío». Pero esa es otra historia.

EL SABOR DE LOS DESCUBRIMIENTOS

Desde los tiempos de nuestros más remotos antepasados, los hombres hemos desarrollado aversión a los malos olores, efluvios que siempre han estado ligados a cosas como la carne en descomposición, que conviene evitar si no queremos exponernos a graves enfermedades. Como hasta hace poco siempre nos ha costado encontrar alimentos, era fácil caer en la tentación de consumir comida en mal estado, y por eso hemos evolucionado para que algunas de las sustancias volátiles que se producen en ella nos resulten repugnantes, tanto de olor como de sabor. El problema es que, en tanto en cuanto la comida se estropea, hay un momento en que, sin sentar todavía exactamente mal, empieza a oler y a saber de forma poco apetitosa. Y como los métodos de conservación de los alimentos han sido muy limitados hasta hace unas décadas, la gente ha buscado como loca condimentos que mejorasen el olor y el sabor de lo que comían cuando no estaba demasiado fresco, algo que sucedía muy a menudo.

Por eso, la búsqueda, recolección y comercio de las llamadas especias, sustancias vegetales aromáticas que sirven como condimentos, es tan antigua como la historia de la humanidad. En el entorno del Mediterráneo, las primeras especias utilizadas procedían lógicamente de plantas autóctonas, como el tomillo o el cilantro. Sin embargo, pronto las más valiosas y apreciadas fueron las importadas de lugares exóticos, como el jengibre, que los antiguos griegos importaban nada menos que desde la India. La gama posible de sabores era todavía limitada, pero la cosa empezó a cambiar cuando los árabes empezaron a traer unas nuevas y sofis-

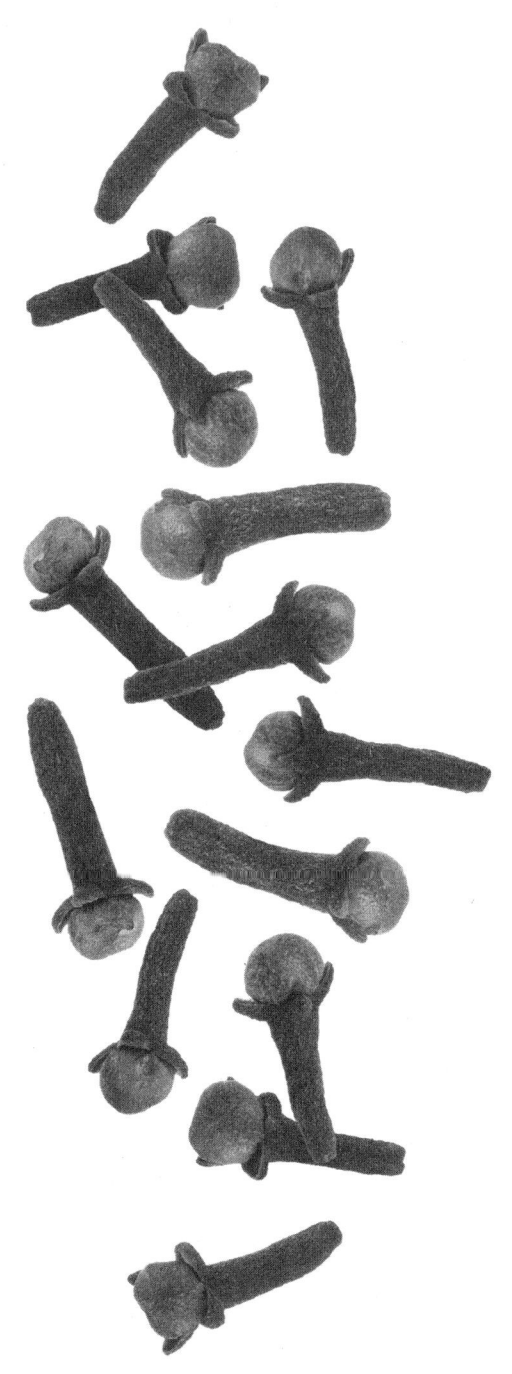

Clavo de olor [New Africa/Shutterstock].

ticadas especies de lugares muy lejanos. Estas especies —mayoritariamente el clavo[37], la macis y la nuez moscada— tuvieron casi de inmediato un enorme impacto en la cocina de los países musulmanes y, al poco tiempo, también en la de la Europa cristiana, sobre todo a partir de las cruzadas. Su lugar de origen, las islas Molucas en Indonesia, se convirtió en uno de esos enclaves legendarios jamás vistos que alimentaban las fantasías de la sociedad europea de la Edad Media.

La creciente popularidad de las especies de las Molucas tenía que ver con el intenso aroma y sabor que prestaban a los alimentos, muy superior al de la mayoría de sus predecesoras. ¿El responsable? Entre otros, una molécula orgánica conocida como eugenol, que compone entre el 70 y el 90 % del aceite esencial extraído del clavo de olor, que también se encuentra en la nuez moscada y en la canela. Este compuesto, de fórmula $C_{10}H_{12}O_2$ y nombre oficial 4-Alil-2-metoxifenol, es un alilbenceno oleoso de color amarillento que resulta tóxico en cantidades relativamente pequeñas, pero no en las dosis habituales que se usan para condimentar alimentos. Además, tal y como sucede con muchos compuestos aromáticos, huele de maravilla y, por si fuera poco, tiene cierto efecto calmante; en una época donde la salud dental era deplorable, el clavo contribuía a calmar el dolor de muelas. El resultado de estas bondades fue el ascenso imparable de la demanda.

Y no es que el clavo, por ejemplo, fuese desconocido en la antigüedad. De hecho, se han encontrado restos de esta especie en Siria que datan del siglo XVIII a. C., y se sabe que los emperadores chinos de la dinastía Han (206 a. C.-220 d. C.) exigían a sus interlocutores masticar botones de clavo para mejorar el aliento. Los romanos también conocían el clavo de olor y la nuez moscada, que los mercaderes traían hasta las fronteras orientales del Imperio y vendían a precio de oro. Pero fue su desembarco en la Europa medieval lo que contribuiría a cambiar la historia del mundo.

---

37 El clavo de olor debe su nombre a la forma de los botones secos (flores que aún no se han abierto) del árbol del clavo.

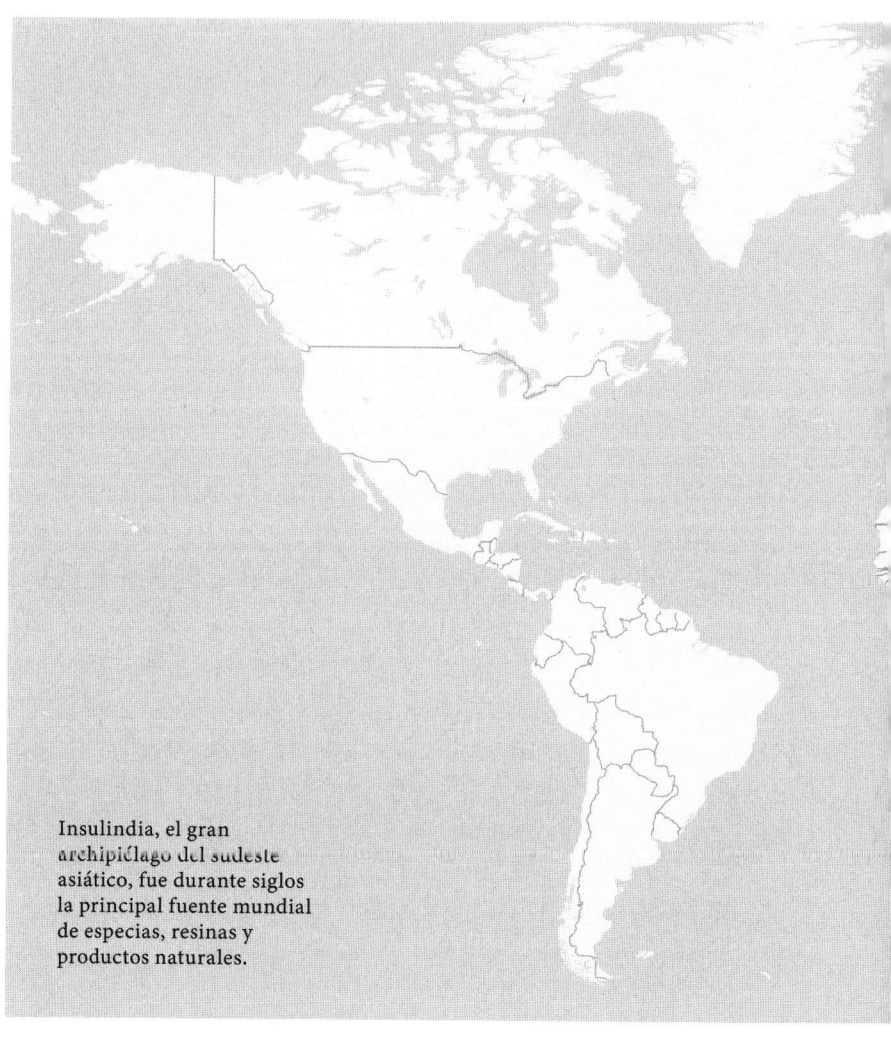

Insulindia, el gran archipiélago del sudeste asiático, fue durante siglos la principal fuente mundial de especias, resinas y productos naturales.

A través de las rutas marítimas del océano Índico, gracias a los monzones, los comerciantes musulmanes transportaban las valiosas especias desde la lejana Insulindia hasta las costas de la península arábiga y, desde ahí, las distribuían por todo el Mediterráneo, en lo que constituía uno de los comercios más lucrativos de la época. En las cortes europeas de la Baja Edad Media, no había rey, noble o caudillo que no atesorase en sus fortalezas preferidas cantidades considerables de las preciadas hierbas orientales para condimentar las comidas. Pero, ¡ay!, en 1453 los turcos otomanos conquistaron la vieja Constantinopla, poniendo fin a la milenaria

historia del Imperio Romano de Oriente y, de paso, cortando de raíz todo el comercio entre Oriente y Occidente. Para fastidiar a los infieles, los belicosos sultanes ya solo accedían a entregar las especias de las Molucas a los gobernantes cristianos a regañadientes y cobrando precios desorbitados.

Atribulados, los nuevos monarcas occidentales empezaron a elucubrar cómo saltarse el engorroso embargo turco que estaba esquilmando sus arcas y, peor aún, convirtiendo sus comidas en un infierno. La ruta terrestre de la seda no daba acceso a las especias de las Molucas y el Imperio otomano controlaba todas las rutas marítimas que pasaban por Oriente Medio. Las opciones que quedaban eran bordear África para acceder por el sur al océano Índico o, la más arriesgada y en aquellos momentos casi quimérica, intentar atravesar el Atlántico confiando en llegar a Asia por el oeste. Los primeros en tomarse las rutas alternativas en serio fueron los portugueses, que, para cuando cayó la vieja capital bizantina, ya habían explorado con sus nuevas carabelas — equipadas con instrumentos avanzados de navegación— la costa de África hasta casi Sierra Leona. Sin embargo, pronto descubrieron que bordeando el golfo de Guinea no se podía seguir hacia el este porque la costa volvía a girar hacia el sur. Esto llevó a un preocupado Alfonso V a interrogar a los eruditos de la época sobre cómo llegar a las islas de las Especias esquivando a los malditos turcos de una vez por todas. Fue así como, en 1474, el matemático, astrónomo y cosmógrafo italiano Paolo dal Pozzo Toscanelli (1397-1482) escribió una carta en la que exponía la posibilidad de alcanzarlas navegando hacia el oeste, aprovechando que la Tierra es una esfera, un concepto ya ampliamente aceptado por la mayoría. Por lo que se sabe, a Alfonso V no le convenció la idea: quizá le pareció disparatada o, más probablemente, porque había retomado la exploración africana y pensaba que tarde o temprano sus barcos encontrarían un paso hacia el este. El caso es que, años más tarde, Cristóbal Colón tuvo acceso a la carta del erudito italiano y se convenció de la viabilidad del viaje por la ruta occidental.

Sin embargo, por una de esas circunstancias fortuitas que tanta influencia tienen en la historia, los cálculos del bueno de Toscanelli eran bastante erróneos: las estimaciones de entonces situaban la circunferencia de la Tierra en 28 350 km, en lugar de los 40 120 km reales. Esa diferencia del 27 % hizo creer a Colón que había alcanzado la mítica isla de Antillia[38] y la costa oriental de Asia, cuando en realidad estaba en el Caribe. La consecuencia

---

38 La isla dio su nombre a las actuales Antillas. El error de Toscanelli tenía su origen en que había usado como base los antiguos cálculos de Claudio Ptolomeo (180 000 estadios para la circunferencia de la Tierra, en lugar de los mucho más aproximados a la realidad 252 000 calculados por Eratóstenes).

de todo esto fue el comienzo de una extraordinaria historia de espionaje, falsa diplomacia y enrevesadas negociaciones, protagonizada por la pugna entre españoles y portugueses a finales del siglo xv y principios del xvi.

En efecto, cuando la Niña arribó de vuelta a Lisboa con Colón a bordo, el rey Juan II reclamó de inmediato las nuevas tierras, alegando los derechos derivados del Tratado de Alcáçovas, firmado por los Reyes Católicos junto con él y su padre, según el cual se reconocía la soberanía de Portugal sobre cualquier descubrimiento nuevo en la costa africana. Naturalmente, Isabel y Fernando se negaron, aduciendo que el viaje del almirante de la

Juan II de Portugal (1455-1495).

El *Planisferio de Cantino* (1502) es la primera representación de la demarcación acordada en el Tratado de Tordesillas [Wikimedia Commons].

Mar Océana se había llevado a cabo siempre hacia el oeste, no al sur de las islas Canarias, que el tratado certificaba como castellanas. Además, aprovechando su excelente relación con el papa Alejandro VI —Rodrigo Borgia, todo un angelito—, consiguieron que este emitiera cuatro bulas, de naturaleza cualquier cosa menos religiosa, que establecían la pertenencia a la corona de Castilla de todas las tierras descubiertas al oeste del meridiano que se situaba a 100 leguas de las islas Azores y Cabo Verde, los territorios más occidentales de Portugal hasta entonces. De paso, como medida disuasoria, se decretaba nada menos que la excomunión para los que cruzasen dicho meridiano sin permiso.

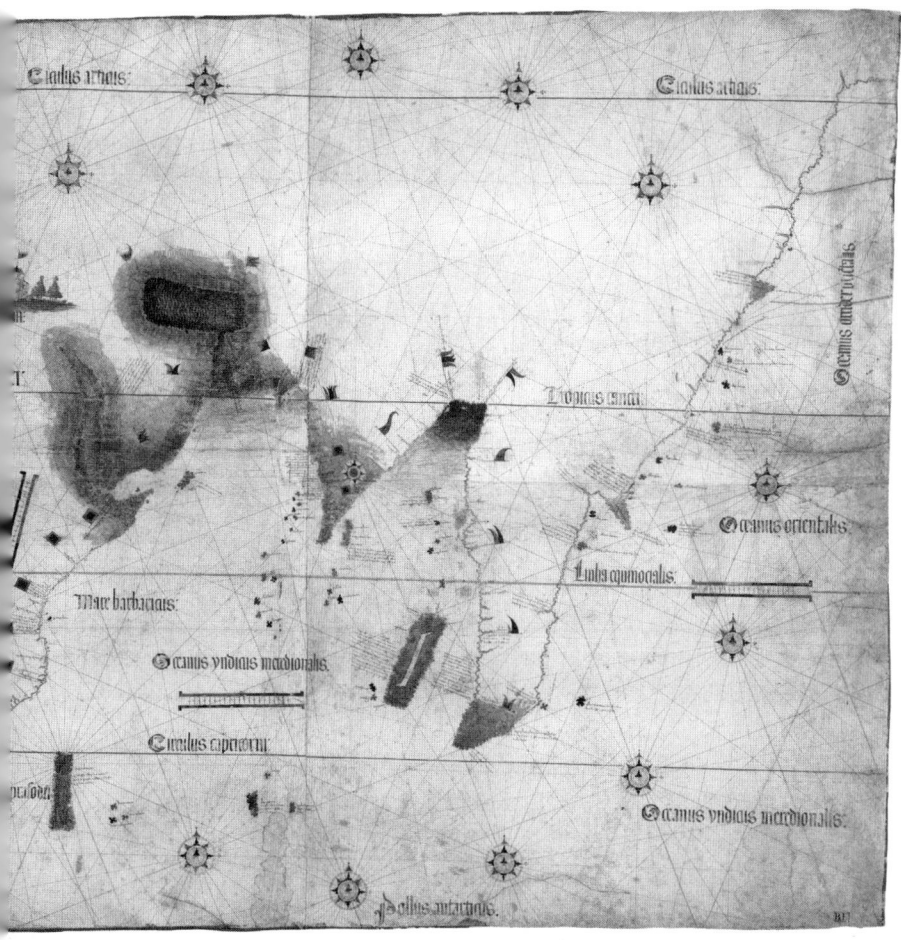

Obligado a negociar ante semejante maniobra, a Juan II no le quedó otra que enviar a sus delegados a llegar a un acuerdo con los de sus católicas majestades. Por fortuna para él, Portugal disponía de una excelente red de espionaje, mucho más eficaz que la de sus rivales, lo que permitía a los embajadores portugueses recibir información precisa acerca de las intenciones de sus adversarios. Así, cuando el 7 de junio de 1494 los representantes de ambas monarquías firmaban el famoso Tratado de Tordesillas —uno de los más importantes de la historia dadas sus repercusiones—, Juan II por lo menos había conseguido que la célebre línea de demarcación se desplazase otras 270 leguas al oeste. Con ello, el avispado lusitano

Un agricultor abre el fruto del árbol de la nuez moscada, cultivado en Indonesia, uno de los lugares donde esta especia tuvo mayor importancia histórica. La semilla es la nuez moscada, mientras que la envoltura rojiza que la rodea se conoce como maza, ambas muy apreciadas desde la Edad Media [Spice Footage/Shutterstock].

buscaba dos cosas: aprovechar en lo posible alguno de los nuevos descubrimientos[39] y, sobre todo, que a la chita callando la prolongación del meridiano por el otro hemisferio dejase las Molucas del lado portugués. Para ello confiaba en que las estimaciones portuguesas acerca del tamaño de la Tierra fuesen más precisas que las de los españoles.

Pero la falta de concreción de la posición exacta de la línea de demarcación pronto complicó las cosas. El tratado hablaba de 370 leguas al oeste de las islas portuguesas, pero no especificaba cuál de ellas en concreto. Eso, junto con los problemas asociados al cálculo de la longitud[40], llevó a incontables disputas entre las dos potencias ibéricas durante las décadas siguientes. No fue hasta la firma del Tratado de Zaragoza, en 1529, cuando se fijaron las esferas de influencia respectivas a 297,5 leguas al este de las islas Molucas, que cayeron, por fin, del lado portugués. Los treinta y cinco años que transcurrieron entre ambos tratados se vieron jalonados por toda suerte de ardides y jugarretas por ambas partes, incluyendo el célebre mapamundi *fake* de estilo ptolemaico que los portugueses incluyeron supuestamente en el *Atlas Miller* para hacer creer a sus rivales que una tierra austral unía Sudamérica con el Extremo Oriente y hacía imposible navegar directamente hacia las Molucas por el oeste[41].

Después de tantos esfuerzos, el negocio para los lusitanos resultó redondo, ya que a lo largo del siglo XVI suministraron a Europa cantidades ingentes de clavo de olor y de nuez moscada, un kilo de las cuales costaba varios gramos de oro puro. Libres ya del bloqueo otomano, los fogones del Viejo Continente se llenaron de nuevo del aroma de eugenol, esta vez para siempre. Con el tiempo, a los portugueses les relevaron los holandeses, cuya Compañía de las Indias Orientales se convirtió, gracias funda-

---

39 Esta es la razón de que Brasil haya sido una colonia portuguesa en lugar de española.

40 En alta mar, la latitud podía calcularse con bastante precisión de diferentes formas, pero la longitud no hubo forma de calcularla adecuadamente hasta el advenimiento del cronómetro de Harrison ya en el siglo XVIII.

41 El *Atlas Miller* fue confeccionado en 1519, justo el año en que la expedición española liderada por el portugués Fernando de Magallanes pretendía bordear Sudamérica para encontrar un paso hacia el llamado mar del Sur, que no era otra cosa que el océano Pacífico.

mentalmente al comercio de especias, en la empresa de mayor valor de mercado de toda la historia, incluso a día de hoy. En el siglo XVIII, los franceses consiguieron implantar el árbol del clavo en las islas Mauricio, acabando con el monopolio holandés. Más tarde, el cultivo de las codiciadas especias de las Molucas se extendió por el Caribe, Brasil y otras zonas, popularizándose su consumo y dejando por fin de pagarse literalmente a precio de oro.

Hoy en día, el aromático eugenol y sus derivados no solo forman parte de la cocina de casi todo el mundo, sino que son de uso habitual en perfumería y odontología[42], además de combatir las plagas de insectos, entre otras aplicaciones. Lo consumimos en nuestras comidas casi a diario, en todo tipo de salsas y condimentos, sin pararnos a pensar en cómo una vez el apetito por esta humilde molécula dictó la historia de la humanidad, impulsando en gran medida la época de los descubrimientos. Pocas sustancias tan poco conocidas por el gran público han tenido la influencia social y el impacto en el devenir de los acontecimientos del eugenol, la molécula que protagonizó la historia del mundo en una era en la que la comida olía a demonios.

---

42 Un derivado del eugenol, el eugenato de zinc, es muy utilizado como cemento para obturaciones dentales provisionales. ¡Su peculiar olor no es otro que el conocido como «olor a dentista»!

EL FUEGO DE SAN ANTONIO Y
LAS BRUJAS DE SALEM

La célebre «caza de brujas» de Salem es, indudablemente, uno de los episodios más famosos de la historia temprana de los Estados Unidos. En el asfixiante entorno de una comunidad puritana del Massachusetts de finales del siglo xvii, el extraño comportamiento de unas adolescentes que experimentaban convulsiones, proferían blasfemias, adoptaban posturas extravagantes y parecían entrar en trance dio lugar a acusaciones de brujería indiscriminadas que terminaron con la muerte de 19 personas completamente inocentes. Entre las *pruebas* que supuestamente demostraban la relación con el maligno se incluían la mejora de los síntomas cuando las acusadas tocaban a las víctimas o el ¡darle de beber a un perro un brebaje a base de harina de centeno y orina de bebé para ver qué pasaba!

Dejando al margen lo tragicómico de todo el asunto, y aunque con el tiempo algunas de las chicas se retractaron de sus acusaciones, se ha escrito largo y tendido acerca de lo que pudo ocasionar los inusuales síntomas que llevaron a hacer creer a la gente que alguien las había embrujado. Entre las explicaciones, una que ha tenido un gran predicamento en las últimas décadas es la de la posible intoxicación de las adolescentes por cornezuelo de centeno (*Claviceps purpurea*), un hongo que parasita los cereales. El cornezuelo —llamado así por la excrecencia en forma de cuerno (esclerocio) que se forma en los granos de cereal— contiene varios alcaloides con intensa actividad farmacológica, tales como el ácido lisérgico y su derivado, la ergotamina. Baste decir que la

Litografía titulada *The witch nº. 1*, publicada en 1892. Este tipo de imágenes refleja las creencias populares sobre la brujería que se difundieron ampliamente en Europa y América entre los siglos XVII y XIX. Muchas de estas historias estaban relacionadas con

supuestos venenos, pócimas o ungüentos capaces de provocar enfermedades, visiones o comportamientos extraños, fenómenos que hoy se interpretan a la luz de la toxicología y de la farmacología de sustancias naturales [Library of Congress].

El hongo *Claviceps purpurea*, conocido como cornezuelo, parasita gramíneas y cereales como el centeno, sustituyendo el grano por un cuerpo oscuro cargado de alcaloides tóxicos. El consumo de harina contaminada provocaba el llamado ergotismo, una enfermedad que causaba convulsiones, alucinaciones y gangrenas, y que en la Edad Media se conocía como «fuego de San Antonio». De estos compuestos se obtuvieron siglos después sustancias de gran interés farmacológico, y a partir de derivados del cornezuelo se sintetizó en el siglo XX el LSD [Henri Koskinen/Shutterstock].

dietilamida del primero no es otra que la famosa droga psicodélica LSD para entender por qué el cornezuelo resulta sospechoso.

El consumo de gramíneas contaminadas por el cornezuelo tiene graves consecuencias tanto para los animales como para los humanos. Los primeros experimentan gangrena en las extremidades y abortos, mientras que las personas se ven afectadas por ergotismo, una enfermedad que puede adoptar dos modalidades: gangrenoso y convulsivo. En el caso del ergotismo gangrenoso, se produce una sensación de quemazón en las extremidades que desemboca en necrosis, llegando incluso a desprenderse los miembros sin que se produzca sangrado. Por su parte, el ergotismo convulsivo se caracteriza por la aparición de espasmos, cambios de conducta y alucinaciones.

El ergotismo es conocido en el mundo prácticamente desde la revolución neolítica, pero las crónicas europeas empiezan a hablar de él con más frecuencia a partir de la Edad Media, una época en la que la gente pobre se alimentaba en gran medida a base de centeno, sobre todo cuando sobrevenían hambrunas. Los nobles y otros miembros de las clases más acomodadas sufrían mucho menos de ergotismo, dado que su dieta era más variada. La ergotamina es un potente vasoconstrictor que provoca isquemia en los tejidos, por lo que las personas afectadas por la forma gangrenosa de la enfermedad comienzan sintiendo un extraño hormigueo en una o varias extremidades. La pérdida de tono muscular viene acompañada de dolores y, al cabo de unas semanas, de la hinchazón de los pies o las manos. Después, fuertes dolores en los miembros, semejantes a quemaduras, van seguidos del entumecimiento y la gangrena. Al final, las extremidades se desprenden de forma indolora, a veces como consecuencia de un simple golpe, y las infecciones secundarias suelen provocar una elevada tasa de mortalidad entre los afectados.

La primera referencia medieval al ergotismo gangrenoso la encontramos en Alemania[43], allá por 857, cuando en el valle del

---

43 Anales Xantenses.

Rin se produjo una grave epidemia; se cree que es de aquella época de la que procede su denominación popular como «fuego sagrado», con relación a la sensación de quemazón y a que se pensaba que se trataba de un castigo divino. Más tarde, a finales del siglo xi, se construyó un hospital para enfermos de ergotismo cerca de la abadía de San Antonio, en pleno corazón de Francia, y a partir de aquella fecha la dolencia fue conocida como «fuego de San Antonio». Los propietarios de la abadía, los miembros de la orden de los Hermanos Hospitalarios de San Antonio, llegaron a fundar más de trescientos hospitales conocidos como «hospitales de los desmembrados». En ellos, muchos enfermos sanaban porque se les alimentaba con pan que no estaba hecho a base de centeno.

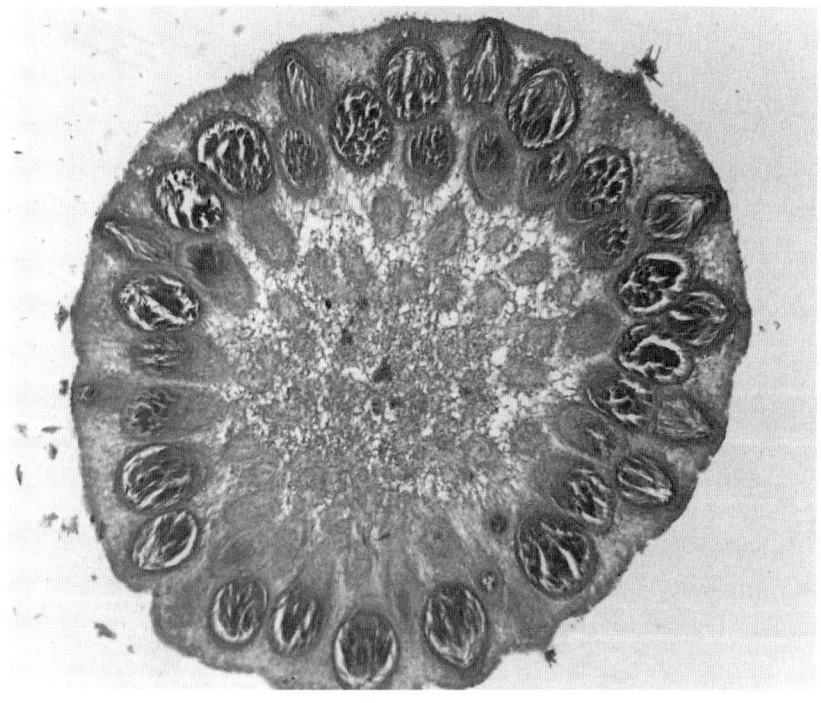

Conidios y estructuras reproductivas de *Claviceps purpurea* vistos al microscopio. Este hongo produce los alcaloides responsables del ergotismo [Henri Koskinen/Shutterstock].

En tanto en cuanto el ergotismo gangrenoso asolaba la Europa occidental, en la parte central y en el norte del continente era mucho más frecuente la versión convulsiva de la enfermedad. No se sabe a ciencia cierta por qué tuvo lugar esa diferencia, aunque bien pudo deberse a la presencia de ciertas variedades del hongo o a la diferente composición de alcaloides en los esclerocios. En cualquier caso, la ergotamina no solo es vasoconstrictora, sino que tiene también una importante actividad neurológica, ya que su estructura es parecida a la de neurotransmisores como la serotonina, la dopamina o la adrenalina. Los primeros síntomas del ergotismo convulsivo son muy parecidos a los del gangrenoso, pero en este caso aparecen flexiones dolorosas e involuntarias, espasmos, alucinaciones y trastornos del comportamiento. En casos más graves, los espasmos hacen que el cuerpo se estire o se enrolle como una pelota, mientras que las convulsiones pueden desembocar en ataques epilépticos e incluso en el coma y la muerte. Los afectados experimentan además episodios prolongados de delirio, manías y demencia.

Desde la Baja Edad Media hasta el siglo XVII, están documentados en Europa varios extraños episodios de histeria colectiva en los que cientos de personas danzaban sin parar durante horas e incluso durante días. Además de moverse de forma incontrolada, los afectados sufrían convulsiones y alucinaciones. Los brotes más conocidos de este tipo de «enfermedad de la danza» tuvieron lugar en 1374 en el valle del Rin y en 1518 en la ciudad alemana de Estrasburgo. Con respecto a este último caso, se sabe que la población venía de experimentar una hambruna destacada, lo que pudo contribuir a que no eliminase los esclerocios antes de consumir cereales contaminados.

Como vemos, es muy posible que el consumo, voluntario o no, de cornezuelo del centeno se encontrase detrás de muchos de los aparentes casos de brujería que tuvieron lugar en Europa durante los largos siglos medievales y también en la Edad Moderna[44]. En

---

44 De acuerdo con la documentación de la época, una bruja inglesa llamada Alice Trevisard, que vivió alrededor de 1600, tenía los dedos de las extremidades secos y gangrenados, como corresponde a los enfermos de ergotismo.

ocasiones, pueden incluso correlacionarse, a escala temporal, ciertos brotes constatados de ergotismo con episodios de caza de brujas. En otros casos, el propio estudio de la documentación disponible de los juicios por brujería deja entrever la presencia del temible hongo entre las circunstancias que los rodearon. Por ejemplo, en un manuscrito de finales del siglo XVII procedente del distrito de Finnmark, en Noruega, se especifica que en 42 de los casos juzgados la brujería había sido adquirida a través del consumo de pan, leche o cerveza, y que, cuando se trataba de un líquido, se habrían encontrado en él unos granos de color oscuro. Por supuesto, los síntomas de los embrujados incluían convulsiones, alucinaciones e incluso gangrena.

Una de las cuestiones que, sin duda, pudo influir en la más que probable relación entre los supuestos casos de brujería y el cornezuelo del centeno es que, al margen de la ergotamina, el dichoso hongo contiene otros compuestos químicos con una actividad farmacológica destacada en materia de comportamiento. Entre ellos, la amida del ácido lisérgico, que es un precursor del famoso LSD, la droga psicodélica por antonomasia[45]. Bajo sus efectos, las personas experimentan visiones, algo que las teóricas brujas mencionaban con frecuencia. Si a ello le añadimos síntomas del ergotismo convulsivo, tales como delirios, manías o psicosis, es fácil comprender por qué el cornezuelo es un claro candidato a encontrarse detrás de los supuestos casos de brujería. Por otra parte, otro de los alcaloides que contiene, la ergometrina, tiene una gran capacidad para inducir el parto y detener las hemorragias asociadas debido a sus efectos vasoconstrictores[46]. De hecho, se emplea en la actualidad para esto último hasta el punto de tratarse de un medicamento incluido en la lista de medicamentos esenciales

---

45 Algunos historiadores han indicado que durante los antiquísimos ritos en honor de la diosa de la agricultura Deméter, conocidos como misterios eleusinos, se consumía una bebida con actividad psicotrópica llamada *kykeon* que podría contener cornezuelo.

46 Esta propiedad es conocida desde la antigüedad. En varios documentos anteriores a la era cristiana ya se encontraban recomendaciones para consumir harina de cebada para acelerar el parto y, en el siglo IV a. C., Hipócrates hablaba abiertamente del cornezuelo como remedio para combatir las hemorragias postparto. De hecho, las matronas lo han utilizado durante siglos.

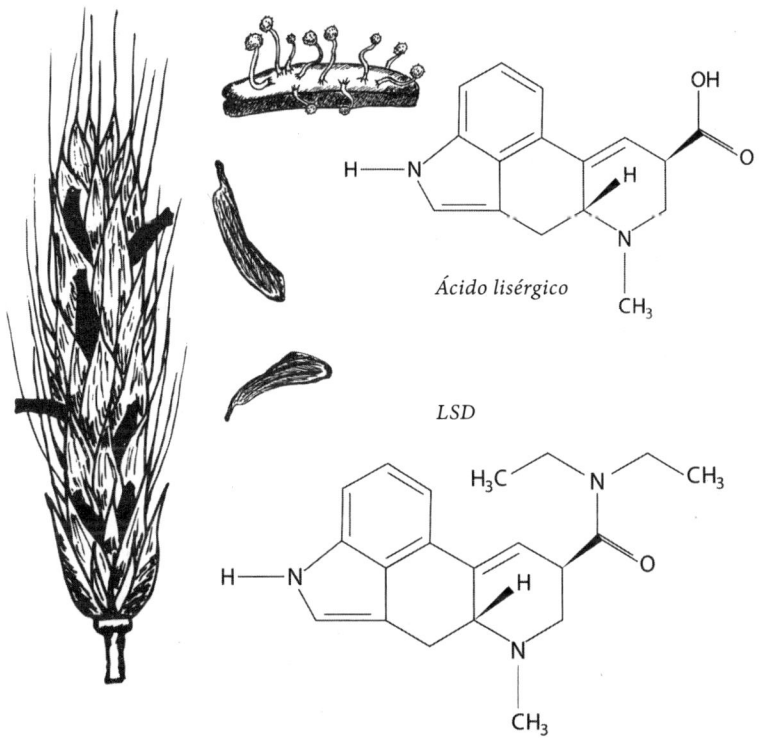

Ácido lisérgico

LSD

El ácido lisérgico es un compuesto obtenido a partir de los alcaloides del cornezuelo (*Claviceps purpurea*), el hongo responsable del ergotismo. A partir de esta molécula se sintetizaron en el siglo XX diversos fármacos y también el dietilamida del ácido lisérgico (LSD), una de las sustancias psicoactivas más potentes conocidas [Uladzimir Zgurski/ Shutterstock].

de la Organización Mundial de la Salud. Sin embargo, la intoxicación por cornezuelo también puede provocar abortos, lo que, añadido a las alucinaciones, pudo hacer pensar a la gente que las comadronas estaban embrujadas y provocaban la muerte de los fetos como ofrenda para el diablo.

Sea como fuere, el conocimiento de los efectos tóxicos del cornezuelo fue pasando de la cultura popular al ámbito científico paulatinamente, sobre todo a partir de 1596, cuando el médico alemán Wendelin Thelius asoció directamente el fuego de San Antonio al consumo de cereales. A finales del siglo XVII se estableció la responsabilidad del cornezuelo en las dos formas de ergotismo, aunque los brotes no cesarían hasta finales del siglo XIX, cuando las medidas de salud pública y, más en concreto, la práctica de separar los esclerocios del centeno acabaron con la antigua plaga. Durante el siglo xx, los episodios colectivos de ergotismo de cierta gravedad han resultado esporádicos, contabilizándose el último de la modalidad convulsiva en 1975, en la India, y el más tardío de la versión gangrenosa en 1978, en Etiopía[47].

¿Sirve para algo más la ergotamina que no sea para gangrenar extremidades y para fabricar supuestas brujas? Pues sí. Sintetizada finalmente en 1918 en los laboratorios Sandoz, la vieja molécula de los teóricos seguidores de Satanás es, debido a su actividad vasoconstrictora, un fármaco que se emplea en el tratamiento de la hipotensión arterial, así como en la prevención de las crisis de migraña resistentes a analgésicos; aunque, por supuesto, está altamente desaconsejada en pacientes con riesgo cardiovascular. En cuanto a su derivado, el LSD, fue sintetizado por Albert Hofmann en 1938 y, en un principio, utilizado en psiquiatría. A partir de los años 60, sin embargo, su empleo indiscriminado para uso recreativo llevó a su prohibición generalizada, ya que las alucinaciones y la percepción distorsionada de la realidad venían a menudo acompañadas de reacciones psiquiátricas potencialmente graves, tales como ansiedad, paranoia y delirios.

¡Y es que no solamente por encontrarte a una bruja te puede dar un infarto o puedes llegar a pensar que estás en presencia del maligno!

---

47 Este último brote en Etiopía afectó a unas ciento cuarenta personas y alcanzó una tasa de mortalidad del 34 %, lo que nos da una idea de la gravedad de la enfermedad.

GASES QUE DAN RISA Y SUSTANCIAS DE TABERNA

A sus 30 años, Gardner Quincy Colton era uno de esos tipos fabulosos que produjo Estados Unidos a mediados del siglo XIX. Emprendedor empedernido, había fracasado como estudiante de medicina, lo cual no le impedía hacerse pasar por doctor y profesor. En realidad, era un auténtico *showman*, un tipo con mucha labia que se ganaba la vida dando conferencias y espectáculo. Su protagonista favorito era el óxido nitroso[48], conocido desde hacía casi medio siglo como el «gas de la risa». Se trataba de un compuesto químico muy popular entre las clases altas. Este, cuando era inhalado, producía estupor y ensoñación, pero también a menudo un cierto estado de euforia que desembocaba en carcajadas. En su primera intervención pública con el gas, Colton había recaudado la friolera de 535 dólares, toda una fortuna para la época, lo que le hizo abandonar cualquier otra actividad con vistas a enriquecerse rápidamente.

El 10 de diciembre de 1844, en un frío día del invierno de Connecticut, Colton estaba en la localidad de Hartford en medio de una demostración en el Union Hall cuando uno de los voluntarios escogidos entre la audiencia, un contable de nombre Samuel A. Cooley que no paraba de reír y de moverse torpemente, se golpeó con fuerza en una pierna contra un banco de madera. Entre la concurrencia, se encontraba en compañía de su mujer un conocido dentista local, Horace Wells (1815-1848), que enseguida se percató de que Cooley no parecía haber sentido nada, ni siquiera

---

48   De fórmula N_2O.

Gardner Quincy Colton y Horace Wells [Wikimedia Commons].

recordaba haberse golpeado, a pesar de que su rodilla estaba llena de abrasiones y moretones. Entonces, en uno de esos momentos de inspiración que a veces cambian el curso de la historia[49], al sorprendido Wells se le encendió la bombilla. Llevaba mucho tiempo preocupado por cómo reducir el espantoso dolor que experimentaban sus pacientes durante las extracciones de muelas y lo que tenía delante parecía ofrecer una solución. ¿Y si el gas de la risa, además de carcajadas, produjese ausencia de dolor?

Wells no solo era un buen dentista, sino también un tipo bastante arrojado. Al día siguiente, no se le ocurrió otra cosa que convencer al bueno de Colton... ¡para que le administrase el gas mientras uno de sus aprendices[50] le extraía una muela del juicio que le venía molestando! Por fortuna para él y, tal y como esperaba, el valiente dentista no experimentó ningún tipo de dolor. Ese día, 11 de diciembre de 1844, ha quedado grabado con letras de oro en la historia de la medicina.

---

49 Hay que tener en cuenta que el gas circulaba desde hacía décadas sin que a nadie le hubiese dado por explorar sus posibles propiedades anestésicas.
50 Aquel aprendiz, John Mankey Riggs, con el tiempo se convertiría en una autoridad en la enfermedad periodontal, a la que en Estados Unidos se la llegaría a conocer como «enfermedad de Riggs».

Espectáculo de óxido nitroso, ca. 1846 [Museum of the City of New York].

Colton y Wells pasarían el resto de sus vidas indisolublemente unidos a las extracciones dentales bajo los efectos del gas de la risa. El primero intentó apuntarse a la «fiebre del oro» de California, pero fracasó y volvió al negocio dental, montando una próspera empresa con hasta siete sucursales que llevaría a cabo la extracción de decenas de miles de dientes y de muelas en el transcurso de los siguientes 30 años, por supuesto, con el auxilio de su querido óxido nitroso. En cuanto a Wells, las cosas no terminaron bien para él. En 1845 intentó introducirse en Harvard mediante una demostración a estudiantes de medicina, pero, ya sea porque el gas se administró incorrectamente o porque el paciente era obeso y alcohólico (dos circunstancias que limitan la eficacia del gas de la risa como anestésico), en esta ocasión no se produjo la ausencia de dolor y Wells terminó abucheado. A partir de este momento, su salud mental empeoró y su actividad como dentista se volvió esporádica. Durante años intentó que se le reconociese como el descubridor de la anestesia, algo que no hizo la Sociedad Médica de París hasta unos días antes de que se suicidase, tras verse envuelto en varios escándalos que acabaron con sus huesos en prisión.

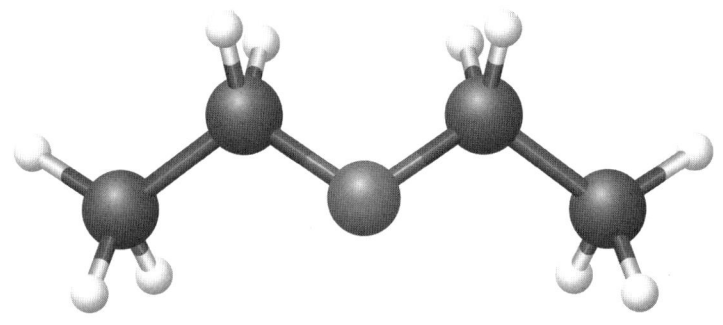

Estructura del éter etílico, también conocido como etoxietano o dietiléter (CH3-CH2-O-CH2-CH3).

Pero la historia de los gases anestésicos no había hecho más que empezar. En paralelo con el empleo del óxido nitroso con fines recreativos, otro compuesto químico, el éter etílico, circulaba desde hacía años por las tabernas, especialmente entre los estudiantes de medicina, haciéndole la competencia al alcohol. Este último llevaba milenios compartiendo con el opio la vitola de anestésico rudimentario, ya que tan solo una buena borrachera (en realidad llevada hasta el borde del coma etílico) o los efectos del extracto de adormidera ofrecían cierto efecto analgésico contra el terrible dolor de las intervenciones quirúrgicas[51].

Y es que, desde el principio de los tiempos, el combate contra el dolor extremo parecía una batalla que la humanidad nunca podría ganar. Durante milenios, los médicos y curanderos intentaron combatirlo con preparados a base de hierbas, como la mandrágora o el beleño, con la compresión de los nervios o con la aplicación de frío. La desesperación llevaba incluso a golpear la cabeza del enfermo intentando dejarlo inconsciente, un método que contribuía más a matarlo que a curarlo. El dolor de una

---

51 En 1804, el médico japonés Hanaoka Seishu había utilizado estramonio —una droga alucinógena (ver capítulo 18)— para realizar una mastectomía en una paciente sexagenaria, pero el avance no tuvo mucha continuidad ni repercusión fuera de Japón.

William Thomas Green Morton (1819-1868)
[Wikimedia Commons].

amputación, extremadamente frecuente en los campos de batalla e imprescindible para atajar la gangrena, era tan espantoso que la operación debía realizarse en cuestión de minutos para evitar que el paciente muriese por efecto del shock provocado por el dolor. Si se desmayaba, mejor que mejor. Los cirujanos más reputados eran los más rápidos[52] y los que menos sensibles se mostraban ante el sufrimiento de las personas operadas, las cuales, si sobrevivían, experimentaban a menudo secuelas psicológicas similares al estrés postraumático. Muchos pacientes preferían no ser operados y morir antes de someterse a semejante dolor.

Este era el panorama cuando, debido a su abuso como droga recreativa, empezaron a acumularse incidentes en los que la inhalación de éter, ya fuese intencionada o accidental, parecía anular el dolor. Esas evidencias llevaron a William Thomas Green Morton (1819-1868) —un antiguo colega del desafortunado Wells, que también anduvo trasteando con el gas de la risa— a intentarlo en esta ocasión con el éter sulfúrico, consiguiendo extraer en septiembre de 1846 una muela de forma indolora a Eben Frost, un músico de

---

52 De acuerdo con la tradición, el francés Dominique Jean Larrey, médico personal de Napoleón, fue capaz de llevar a cabo 200 amputaciones durante la batalla de Borodinó en un solo día.

Boston. Morton, en realidad, no fue el primero en utilizar el éter para estos menesteres, ya que el médico y farmacéutico Crawford Williamson Long —primo del famoso pistolero «Doc» Holliday— ya lo había utilizado en 1842 para extirpar un par de tumores del cuello de un paciente en Georgia, además de en varias amputaciones. Sin embargo, no llegó a introducir la anestesia de forma sistemática y no publicó sus resultados hasta 1848.

Pero, volviendo a Morton, el éxito de la extracción indolora llevó a la prensa a publicar la noticia como no podía ser de otra manera. Tras leerla, el cirujano bostoniano Henry Jacob Bigelow convenció al reputado doctor John Collins Warren (1778-1856), que ya había estado involucrado en la fallida demostración de Wells el año anterior, para que llevase a cabo una nueva demostración pública en el quirófano del Hospital General de Massachusetts, realizando una operación con la colaboración de Morton, encargado de suministrar el éter sulfúrico. Así, el 16 de octubre de 1846, otra fecha para los anales de la historia[53], Warren extirpó un tumor congénito del cuello del joven Edward Gilbert Abbott, quien permaneció inconsciente durante los aproximadamente diez minutos que duró la operación. En su agenda personal, Warren escribiría: «Esta mañana hice una interesante operación en el hospital, mientras el paciente estaba bajo la influencia de la preparación del Dr. Morton para prevenir el dolor. La sustancia empleada fue éter sulfúrico». El quirófano fue rebautizado popularmente como el Ether Dome («domo del éter») y así quedó para la posteridad.

Pero, por extraño que pueda parecer, casi simultáneamente se estaba produciendo en otra parte del mundo un desarrollo en paralelo que terminaría por imponerse en la lucha contra el dolor. Este nuevo avance no tenía mucho que ver con lo que estaba sucediendo en Estados Unidos durante aquellos años. Esto lo convierte en otra prueba de que, cuando los conocimientos se van acumulando, mentes diferentes, sin apenas contacto entre ellas, comienzan a elucubrar sobre el mismo problema y dan lugar a

---

53 Conocido en la historia de la medicina como «el día del éter».

que aparezcan soluciones alternativas o incluso variaciones sobre la misma solución en lugares distantes. En esta ocasión, el nuevo hallazgo llegó desde Escocia, donde el obstetra y profesor en la Universidad de Edimburgo James Young Simpson (1811-1870) andaba buscando alternativas al éter, ya que consideraba que este último resultaba peligroso. En efecto, el éter sulfúrico es muy inflamable e irrita considerablemente las mucosas del aparato respiratorio. Para sustituirlo, el médico escocés pensó en el cloroformo[54], un compuesto orgánico sintetizado alrededor de 1831 al que el médico inglés Robert Mortimer Glover había encontrado propiedades anestésicas en animales de laboratorio.

Al igual que el malogrado Wells, Simpson era un tipo algo temerario, así que ni corto ni perezoso invitó a dos amigos a cenar, tras lo cual los tres inhalaron cloroformo a modo de experimento; de inmediato, quedaron inconscientes. Al despertar, Simpson tomó nota no solo de la rapidez del efecto, sino de que ni él ni sus valientes amigos experimentaban el malestar a menudo asociado al consumo de éter, parecido a la resaca de una borrachera. Convencido de la utilidad del cloroformo, comenzó a utilizarlo en los partos. Pronto, en toda Europa, el volátil compuesto fue adoptado como anestésico en lugar del éter. En efecto, el cloroformo era más rápido, más potente, no se inflamaba y era menos irritante. Por el contrario, podía producir arritmias y daño hepático; en consecuencia, las muertes por inhalación no tardarían en ser motivo de preocupación.

Pero la adopción del cloroformo, el éter y el óxido nitroso no estuvo exenta de polémica. A pesar de la revolución que suponía la cirugía sin dolor, y por increíble que pueda parecer, amplios sectores religiosos consideraban que suprimir el dolor del parto, por ejemplo, era contrario a la voluntad de Dios; no en vano, en el libro del Génesis se dice que las mujeres darán a luz a sus hijos con dolor. Según esto, el sufrimiento físico era parte del castigo divino por el pecado original y era contra natura desconectar la

---

54 De fórmula $CHCl_3$.

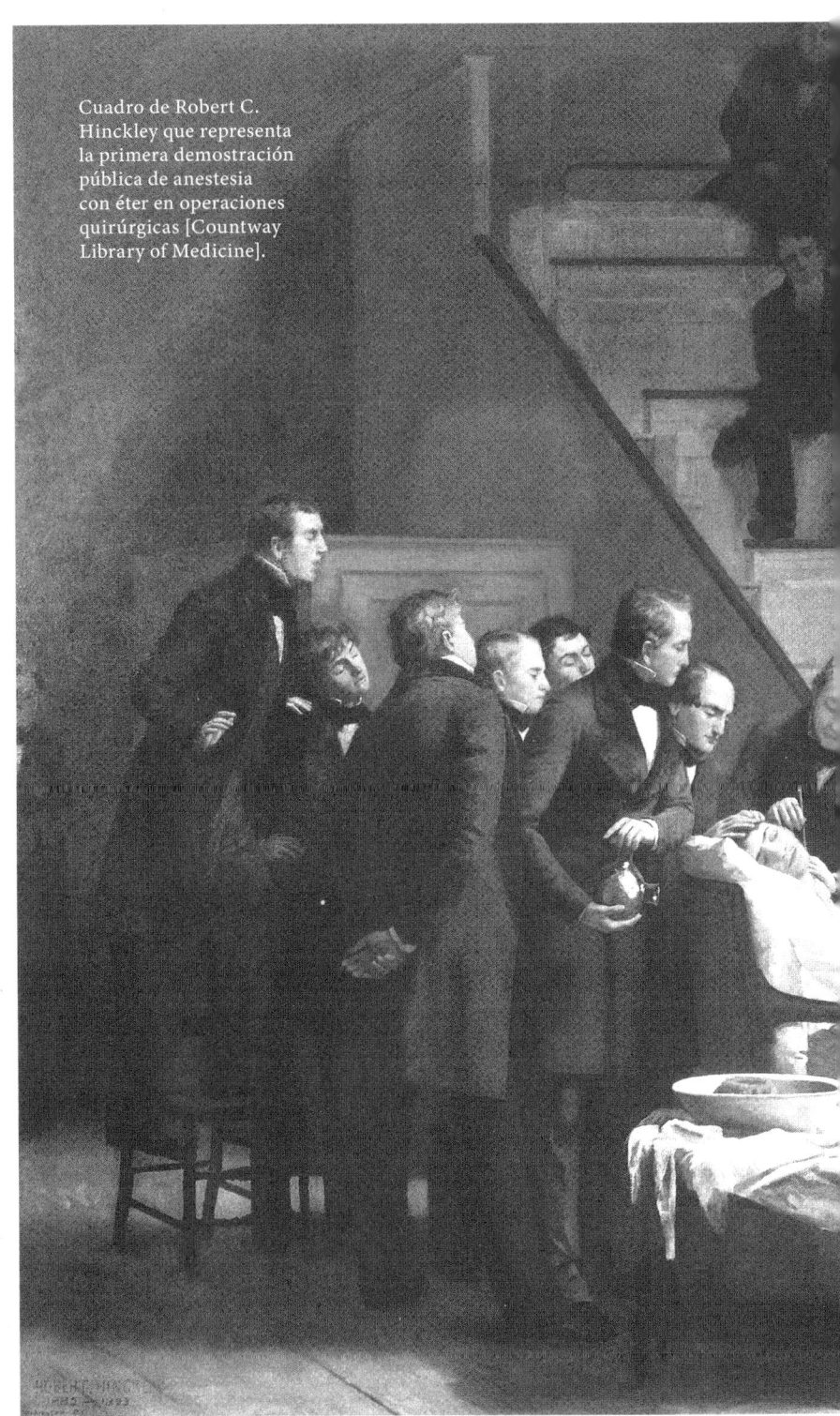

Cuadro de Robert C. Hinckley que representa la primera demostración pública de anestesia con éter en operaciones quirúrgicas [Countway Library of Medicine].

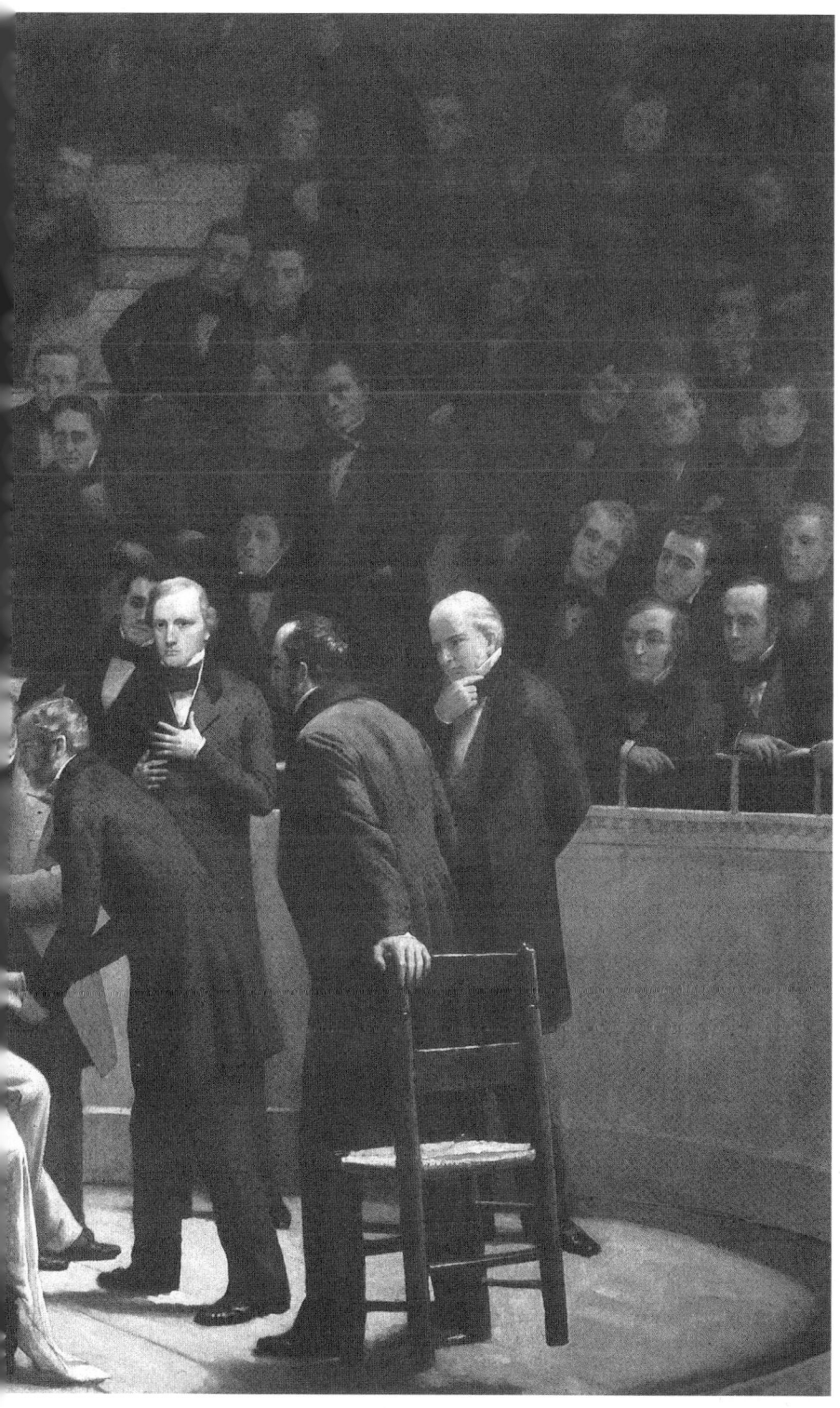

consciencia para evitarlo. Incluso algunos filósofos estaban de acuerdo con esto, alegando que la eliminación del dolor produciría deshumanización. Entrando en el juego, Simpson contestaba que, para crear a Eva, Dios había inducido un profundo sueño en Adán, así que no había nada de malo en la anestesia. En cualquier caso, la discusión comenzó a bajar de tono a partir de 1853, cuando a la reina Victoria se le suministró cloroformo durante el nacimiento del príncipe Leopoldo. La poderosa monarca, que había pasado por las molestias de nada menos que siete partos anteriores, quedó tan contenta que las objeciones religiosas quedaron en segundo plano.

Hoy en día ya no se utilizan los viejos anestésicos inhalables, que han sido sustituidos hace tiempo por sustancias inyectables mucho más adecuadas y seguras, como el propofol[55]. Pero será difícil de olvidar que el principio del fin de una de las experiencias más aterradoras de los seres humanos, el dolor extremo ocasionado por las intervenciones quirúrgicas, llegó de la mano de un sustituto del alcohol en las tabernas y de los espectáculos ambulantes protagonizados por el extravagante gas de la risa.

---

55 Descubierto en 1977, el 2,6-diisopropilfenol es un agente anestésico intravenoso de corta duración, de inicio y recuperación muy rápidos, fácil de ajustar y con pocos efectos secundarios. Se utiliza de forma rutinaria en los hospitales de todo el mundo.

POLVO PARA HEREDAR

En 1832, James Marsh ya era un científico bastante conocido en Inglaterra. A sus 38 años, había desarrollado interesantes innovaciones de uso militar ejerciendo como químico en el Royal Arsenal; su creciente reputación hizo que la fiscalía lo llamase en calidad de experto durante el juicio de John Bodle, un tipo desagradable acusado de envenenar con arsénico a tres personas, entre ellas su abuelo. El presunto asesino había sido visto comprando el arsénico después de amenazar de muerte a su pariente, pero todas las pruebas eran circunstanciales. La tarea de Marsh era comprobar si el café que el tal Bodle le había servido a su abuelo y a dos de sus sirvientas contenía o no restos de la temible sustancia, pero el problema era que, por aquel entonces, el único método de análisis disponible para los peritos era poco fiable. Consistía en añadir ácido sulfhídrico a la muestra para ver si precipitaba sulfuro de arsénico de color amarillo, no obstante, el precipitado tenía la mala costumbre de cambiar a menudo de color, lo que invalidaba el resultado como prueba. Como era de esperar, eso fue lo que sucedió, de manera que el taimado Bodle se salió de rositas. Más tarde confesaría su crimen, lo cual no le hizo la más mínima gracia a Marsh, cuya reputación quedaba en entredicho.

Por supuesto, el químico británico no era ni mucho menos el primero que había fracasado en seguir el rastro del peligroso elemento, una de cuyas sales, el trióxido de arsénico, era ampliamente conocido en la Inglaterra y la Francia decimonónicas como el «polvo para heredar». Desde que fue descubierto allá por la

James Marsh (1794-1846) [Royal Greenwich Heritage Trust].

Edad Media[56], este compuesto se había convertido en el preferido de cualquiera que quisiese matar a alguien con impunidad, puesto que es incoloro (el polvo es blanco, pero en disolución no se aprecia), inodoro e insípido. Detectarlo resultaba casi imposible, de manera que el número de padres, esposos y abuelos que pasaban a mejor vida mediante este método era tan considerable que llegó a formar parte de la cultura popular. Por poner un ejemplo, el personaje de la novela de Flaubert, madame Bovary, se suicida con él y circulaba la sospecha de que muchos fallecimientos repentinos se debían a la siniestra sustancia, que probablemente era responsable de dos tercios o más de todos los envenenamientos que se producían por aquel entonces en Europa.

---

56 Se cree que el primero en aislarlo fue san Alberto Magno, allá por 1250.

Ramón Sopena, editor, Provenza, 93 a 97. Barcelona

Aunque el elemento químico conocido como arsénico no fue identificado hasta muchos siglos después, el silencioso asesino era conocido desde tiempos antiguos; no en vano, alguien tan famoso como la emperatriz Agripina[57] ya había utilizado los servicios de una envenenadora profesional para asesinar a su marido, el emperador Claudio, utilizando un preparado a base de arsénico. Con la llegada del Renacimiento, el empleo del rey de los venenos se extendió por todo el Mediterráneo, con casos tan conocidos como el de la familia Borgia, cuyos representantes más célebres, el papa Alejandro VI y su hijo César, lo utilizaban a destajo,

---

57 En la nómina de emperadores a los que Agripina intentó quitarse de en medio también se cuenta su hermano Calígula. Su obsesión era que su hijo Nerón gobernase, aunque a la postre este último ordenó ejecutarla.

Ce poison est fabriqué à Naples; on l'appelle *Manna di San Nicola di Bari;* il s'expédie aux Suprêmes Conseils, qui en font la demande, dans de minuscules fioles portant une étiquette ornée de l'image de Saint-Nicolas.

Ilustración incluida en *Les Mystères de la Franc-Maçonnerie* (1886), obra del escritor francés Léo Taxil. El libro formaba parte de un célebre fraude editorial en el que el autor inventó rituales, conspiraciones y prácticas supuestamente secretas para desacreditar a la masonería. Durante años, estas historias fueron tomadas como auténticas hasta que el propio Taxil confesó públicamente el engaño.

sobre todo este último, para quitarse de en medio a sus enemigos políticos. Ya en el siglo XVII, se hizo famosa en Nápoles la llamada *acqua tofana*[58], un veneno de arsénico muy utilizado por mujeres para deshacerse de sus maridos, del que se dice que llegó a acabar con la vida de más de seiscientas personas. Incluso Napoleón Bonaparte pudo ser asesinado con la pérfida sustancia durante su exilio en la isla de Santa Elena, si atendemos a los elevados niveles de arsénico presentes en su cabello[59].

¿Por qué el arsénico es tan tóxico? Aunque no está claro del todo, se sabe que interfiere con importantes sistemas enzimáticos dependientes del azufre o del fósforo, además de que parece tener efectos sobre ciertas hormonas y sobre el ADN. La peor consecuencia del envenenamiento agudo es la detención de la respiración celular, lo que provoca un fallo multiorgánico. Los problemas abdominales van seguidos de daños graves en los sistemas circulatorio y renal, que desembocan en la muerte de la víctima. Lo curioso es que el arsénico es un oligoelemento necesario para el funcionamiento del organismo, solo que en una dosis muy inferior. Hoy en día se utiliza como principal antídoto el dimercaprol, un compuesto orgánico cargado de azufre, que en el siglo XIX no se encontraba todavía disponible.

Este era, pues, el panorama al que se enfrentaba el bueno de Marsh tras el juicio de Bodle, pero el brillante y enojado químico británico no estaba dispuesto a que se repitiese la situación. Puesto manos a la obra, dedicó nada menos que cuatro años a experimentar con la forma de dar con una prueba cuyo resultado fuese incontestable. El «momento eureka» llegó al combinar muestras que contenían arsénico con ácido sulfúrico en presencia de zinc. En la reacción se desprendía arsina (hidruro de arsénico), un gas que, al calentarse, se descomponía. Los vapores resultantes, al entrar en contacto con una superficie fría, se condensaban y deja-

---

58 Que toma su nombre de Giulia Tofana, una famosa envenenadora siciliana. Hay una teoría no probada que afirma que el mismísimo Mozart fue envenenado con este veneno.

59 Sigue siendo más probable que el emperador falleciese como consecuencia de las complicaciones de su úlcera de estómago, pero la hipótesis del envenenamiento no puede descartarse en absoluto.

Mme Ve LAFARGE,

Née Marie Capelle.

Dessinée aux assises de Tulle le 12 7bre 1840.

Marie Lafarge (1816-1852) fue acusada de envenenar a su marido con arsénico en un proceso judicial que se convirtió en un hito para la toxicología forense. Durante el juicio, el químico Mathieu Orfila aplicó métodos de análisis para detectar el veneno en el cuerpo de la víctima, demostrando la presencia de arsénico y dando un peso decisivo a la prueba científica. El caso tuvo gran repercusión en Europa y mostró por primera vez hasta qué punto la química podía influir en la justicia [Wellcome Collection].

ban una sustancia plateada de color oscuro, que no era otra que el arsénico elemental. ¡El procedimiento era tan sensible que era capaz de detectar 0,02 miligramos, lo cual significaba el fin del reinado de los cazadores de herencias! Marsh publicó sus resultados en 1836, una fecha que quedará para siempre en los anales de la criminología como el año en el que, en la práctica, se fundó la química forense.

Al principio, el nuevo test de Marsh fue haciéndose conocido poco a poco hasta que en 1840 se convirtió en la prueba de cargo del famoso juicio Lafarge. Se decía que Marie Lafarge era una descendiente del rey Luis XIII por parte de su abuela materna, obviamente muy venida a menos, y andaba detrás de un buen matrimonio. Por desgracia, su marido Charles, localizado a través de una agencia matrimonial, no resultó ser lo que ella esperaba, pues la engañó acerca de su situación económica, ya que en realidad andaba buscando lo mismo que ella. Charles estaba hasta el cuello de deudas, su casa se encontraba en muy mal estado y sus familiares eran campesinos. Desesperada por su error, Marie le pidió a su cónyuge que la liberase del matrimonio. Al negarse este, la despechada mujer cambió de estrategia, pasando a mostrarse como una esposa enamorada. Durante un viaje de Charles a París, Marie le hizo llegar un pastel de Navidad que le hizo enfermar. De vuelta a casa, el estado de salud de su marido no dejó de empeorar y, aunque fue diagnosticado de cólera, los parientes de Charles comenzaron a sospechar que estaba siendo envenenado. La sospecha se convirtió en convencimiento cuando comprobaron que Marie compraba arsénico como matarratas. Al fallecer el desdichado esposo, y aunque la autopsia no arrojó ningún resultado concluyente, Marie fue arrestada y sometida a juicio.

El juicio de Marie Lafarge fue uno de los más controvertidos y mediáticos de todo el siglo XIX. La torpeza de los peritos en la manipulación de las muestras y los errores en los análisis propiciaron la aparición de evidencias contradictorias en cuanto al arsénico, incluso cuando intentaron aplicar el test de Marsh. La acusada estuvo a punto de ser exculpada hasta que, durante el análisis definitivo dirigido por el prestigioso químico mallorquín

Mathieu Orfila (1787-1853), médico y químico menorquín afincado en Francia, está considerado el padre de la toxicología forense. Sus trabajos permitieron desarrollar métodos para identificar venenos en el organismo, especialmente el arsénico, uno de los tóxicos más utilizados en el siglo XIX. Sus análisis fueron decisivos en procesos judiciales célebres, como el caso Lafarge, y marcaron el inicio de una nueva etapa en la que la química pasó a desempeñar un papel fundamental en la medicina legal [Wikimedia Commons].

Mateu Orfila, se llegó a la conclusión de que, efectivamente, los restos de Charles contenían una cantidad de arsénico significativa que no podía justificarse más que como consecuencia de la ingesta del mortífero trióxido de arsénico. A pesar de clamar por su inocencia[60], la atribulada viuda fue condenada a cadena perpetua. Napoleón III la liberaría en 1852, al caer enferma de tuberculosis. Murió pocos meses después en un balneario.

Casi desde el principio del juicio, la opinión pública se dividió entre los partidarios de la culpabilidad de Marie y los de su inocencia. Los resultados de Orfila fueron muy cuestionados, en parte porque el ensayo de Marsh era tan sensible que podía detectar cantidades ínfimas de arsénico que tal vez pudieran no deberse al envenenamiento. Las voces en favor del indulto y de la reapertura del caso recorrieron Europa y, de hecho, aún no se han apagado[61]. Sin embargo, es indudable que la repercusión alcanzada por el juicio Lafarge catapultó al estrellato tanto al test de Marsh como, en general, a todas las pruebas que empezaron a desarrollarse en materia de toxicología forense.

Fuera como fuese, la adopción generalizada del ya célebre test terminó para siempre con la hegemonía del rey de los venenos, lo cual no quiere decir, ni mucho menos, que el arsénico dejase de ser peligroso. De hecho, durante toda la época victoriana se puso de moda el famoso «verde de París», un hermoso pigmento con un elevado contenido del temible elemento, que se utilizaba en todo tipo de pinturas, tintes y papeles pintados. Incluso William Morris, el famoso árbitro de la moda victoriana, recomendaba encarecidamente su empleo. El problema era que, en los húmedos inviernos del norte de Europa, el moho hacía que se desprendiese arsina (hidruro de arsénico), el mismo gas incoloro que se

---

60 Años después, la atribulada viuda llegó a enviarle una carta a Orfila en la que pedía que cambiase sus conclusiones a la luz de nuevas investigaciones sobre el arsénico: «Después de tres análisis, uno de ellos casi negativo y los dos restantes negativos sin lugar a dudas, ha sido necesario todo vuestro saber para hacer que aparezca una cantidad infinitesimal de veneno. Me parece, señor, que ya lo he dicho todo... ¡Ahora que Dios me proteja y que le otorgue a usted la iluminación de su verdad!».

61 Existe a día de hoy una sociedad de amigos de Marie Lafarge que aboga por la revisión completa del caso.

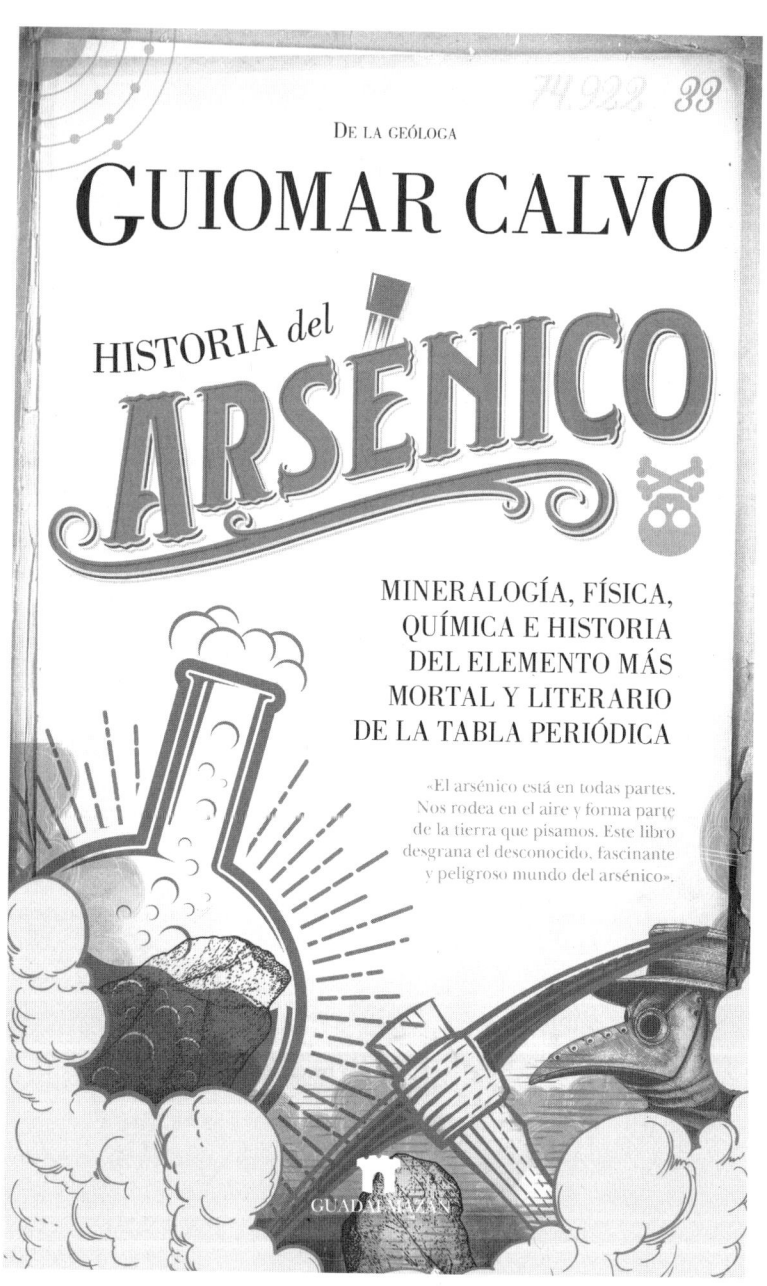

DE LA GEÓLOGA

GUIOMAR CALVO

HISTORIA del ARSÉNICO

MINERALOGÍA, FÍSICA,
QUÍMICA E HISTORIA
DEL ELEMENTO MÁS
MORTAL Y LITERARIO
DE LA TABLA PERIÓDICA

«El arsénico está en todas partes.
Nos rodea en el aire y forma parte
de la tierra que pisamos. Este libro
desgrana el desconocido, fascinante
y peligroso mundo del arsénico».

GUADALMAZÁN

Portada del libro *Historia del Arsénico*, de la geóloga Guiomar Calvo.

produce en el test de Marsh y que resulta muy tóxico. Como consecuencia de ello, miles de personas enfermaban por envenenamiento crónico. Como suele ser habitual, la industria se resistió todo lo que pudo a abandonar el verde de París hasta que no hubo encontrado un sustituto adecuado, lo que contribuyó a mantener la epidemia de intoxicaciones durante décadas. Del mismo modo, la antigua costumbre de incluir el arsénico en un buen número de remedios para combatir enfermedades, enraizada en Europa desde hacía siglos, no empezó a declinar hasta bien entrado el siglo XX[62].

Hoy en día, el peligro de ingerir demasiado arsénico se mantiene fundamentalmente en zonas en las que se bebe agua contaminada, como Bangladesh, donde cientos de miles de personas sufren de arsenicosis, un envenenamiento crónico que provoca diabetes, cáncer y graves daños en el hígado y los riñones. Desde hace décadas tanto las autoridades del país como los organismos internacionales se afanan por solucionar el problema, pero la debilidad de la economía local y las dificultades técnicas hacen que el asunto vaya para largo.

¡Como ven, el viejo asesino sigue haciendo de las suyas, aunque gracias a las bondades de la química ya no sea conocido como el polvo para heredar!

---

62 Parte de la culpa la tuvo el célebre salvarsán (arsfenamina), uno de los primeros medicamentos eficaces para curar una enfermedad infecciosa, en este caso la sífilis, desarrollado por el bacteriólogo alemán Paul Erlich. En dosis bajas el salvarsán no era tóxico, pero puso de moda otros remedios que sí lo eran.

LA BATALLA DE LAS HERIDAS LUMINOSAS

En 1862, la guerra civil norteamericana estaba en plena efervescencia. Las tropas confederadas, muy inferiores en número y equipamiento a las de sus vecinos del norte, estaban dando muchos problemas a los ejércitos rivales[63]. Al sudoeste del estado de Tennessee, como parte del esfuerzo destinado a contener el peligroso avance que los unionistas venían llevando a cabo desde febrero, el día 6 de abril, las fuerzas de los generales confederados A. S. Johnston y P. G. T. Beauregard, al mando del Ejército del Mississipi, lanzaron un ataque por sorpresa contra la Unión, bajo el mando del mayor general Ulysses S. Grant, con la intención de derrotarlo antes de que pudiese recibir refuerzos.

La batalla duró dos días y fue tremenda, la mayor registrada en la historia de Estados Unidos hasta ese momento. El impulso inicial de los confederados estuvo a punto de provocar otra derrota de la Unión, pero los federales consiguieron estabilizar las líneas y aguantar hasta que llegaron los refuerzos. Al final, los sureños se vieron obligados a retirarse, dejando en el campo de batalla 1728 muertos, por 1754 de las tropas de la Unión. El número de heridos de cada bando fue mucho mayor, contabilizándose oficialmente en total 8408 federales y 8012 confederados, aunque algunas fuentes hablan de cifras superiores. El enfrentamiento pasó a la posteridad como batalla de Shiloh, en referencia a una iglesia cercana cuyo nombre en hebreo significa, paradójicamente, «lugar de paz».

---

63 Durante los primeros dos años de la guerra, los oficiales confederados se mostraron superiores a sus colegas del norte tanto desde un punto de vista táctico como estratégico. Sin embargo, a la larga, los federales mejoraron y su aplastante superioridad material terminó inclinando la balanza a su favor.

BATTLE OF SHILOH.

FAC-SIMILE PRINT BY L.PRANG & CO.

Retrato fotográfico de Ulysses S. Grant realizado a mediados del siglo xix, conservado en la colección Brady-Handy de la Library of Congress. Grant fue el principal comandante del Ejército de la Unión durante la guerra de Secesión estadounidense y, tras la victoria, llegó a la presidencia del país. Estas fotografías sobre placa de vidrio, habituales en la época, permitían obtener imágenes muy detalladas, aunque exigían largos tiempos de exposición y un proceso químico delicado para revelar el negativo [Library of Congress].

Como en todas las batallas a lo largo de la historia, las condiciones de los heridos que quedaron sobre el campo eran terribles. Aquella noche llovió con intensidad, de modo que la mezcla de barro, suciedad y sangre, así como el ambiente húmedo, hicieron que las heridas se infectasen con facilidad. El sistema inmunitario de los debilitados soldados no estaba en buenas condiciones; si a esto le sumamos la enorme cantidad de heridos, junto con el limitado número de médicos, dio lugar a que muchos hombres permaneciesen abandonados en el barro casi durante dos días, lo cual no hizo sino empeorar su estado.

Sin embargo, al llegar el crepúsculo del 7 de abril, mientras esperaban pacientemente que alguien viniese a socorrerlos, muchos soldados notaron asombrados que de varias de las heridas parecía desprenderse un extraño resplandor verdeazulado, una luz tenue pero claramente visible en la oscura y desapacible noche. ¿Tal vez se trataba de las almas de los hombres que morían? ¿O era algún tipo de fuego divino? En su delirio, algunos comenzaron a decir que se trataba de ángeles, que no estaban solos. Otros comenzaron a llorar.

Una vez en los hospitales de campaña, los agobiados médicos del ejército unionista no tardaron en darse cuenta de que aquellas extrañas heridas brillantes parecían curarse más deprisa que las otras y rara vez se infectaban. Era como si un poder milagroso hubiese bajado del cielo para rescatar a un puñado de elegidos de entre las garras de la muerte. Como no podía ser de otra manera, los soldados apodaron a aquel misterioso fenómeno como el «resplandor del ángel». Los galenos, por su parte, no tenían ni el tiempo ni los medios y conocimientos adecuados[64] para averiguar lo que estaba sucediendo, de modo que el episodio se con-

---

64 Aunque ya los egipcios utilizaban pan mohoso para curar las heridas y los antiguos chinos aplicaban la cáscara enmohecida de la soja en el tratamiento de diversas infecciones dermatológicas, en la época de la guerra civil norteamericana no se conocían todavía las propiedades antibióticas de las segregaciones de ciertos microorganismos. No fue hasta 1885 cuando el italiano Arnaldo Cantani empleó un cultivo de *Bacterium thermo* para tratar un caso de tuberculosis pulmonar, y hasta 1889 cuando los alemanes Rudolph Emmerich y Oscar Löw utilizaron con fines terapéuticos la piocianasa, una sustancia obtenida de la *Pseudomonas aeruginosa*, para inhibir el crecimiento de ciertos bacilos patógenos.

virtió primero en anécdota y después en leyenda. Solo las cartas y los diarios de los médicos y de algunos heridos que sobrevivieron a la batalla dan fe documental de la sorpresa y el asombro que experimentaron aquellos hombres al contemplar las heridas que brillaban en la noche. Por ejemplo, al cirujano Albert Shook, del Ejército de la Unión, se le atribuyen estas palabras: «Mientras caminábamos entre los heridos aquella noche, algunos hombres parecían brillar débilmente, son sus heridas desprendiendo una luz azul pálida. Ellos mismos creían que era una señal del Cielo, que los ángeles velaban por ellos».

Con el tiempo, la historia de las heridas luminosas de Shiloh se convirtió en una de las tradiciones más extendidas de la zona, objeto de relatos, poemas y novelas, que se les repetía una y otra vez a los turistas y otros visitantes del viejo campo de batalla. Y así fueron transcurriendo las décadas hasta que, en 2001, unos adolescentes ganaron un premio por un trabajo de ciencias en el que proponían que la responsable del extraño episodio no era otra que una bacteria luminiscente. Resultaba que uno de ellos, Bill Martin, era hijo de una microbióloga que estudiaba la utilidad de ciertos microorganismos para el control de plagas, entre ellos los que, a la postre, resultarían ser los protagonistas de esta historia: el gusano nematodo *Heterorhabditis bacteriophora* y su bacteria simbiótica, *Photorhabdus luminescens*.

¿Y qué tienen que ver un gusano y una bacteria con la batalla de Shiloh? Pues parece ser que mucho. *Heterorhabditis bacteriophora* acostumbra a parasitar insectos, terminando su ciclo reproductivo dentro de ellos. La bacteria, por su parte, vive en el intestino del gusano y, cuando este último infecta a un insecto, la *Photorhabdus* es liberada y comienza a producir varias toxinas[65] que no tardan en matar al pobre bicho. Además, ayuda a generar nutrientes para alimentar a los recién nacidos gusanos que, tras

---

65 Estas toxinas son de cuatro tipos, uno de los cuales, MCF (siglas de *Makes Caterpillars Floppy toxins*, literalmente «toxinas que hacen que las orugas se reblandezcan») ha mostrado también cierta capacidad para inducir la apoptosis en células de mamífero. Tanto MCF como los otros tres tipos están siendo investigados con objeto de fabricar nuevos insecticidas.

El nematodo *Heterorhabditis bacteriophora* es un parásito microscópico empleado como agente de control biológico contra insectos del suelo. Penetra en el cuerpo de la larva y libera bacterias simbióticas que provocan la muerte del huésped, tras lo cual los nematodos se multiplican en el interior del cadáver. Este sistema permite combatir plagas agrícolas sin recurrir a insecticidas químicos, y se ha convertido en una herramienta habitual en agricultura y horticultura intensiva [USDA Agricultural Research Service/Bugwood].

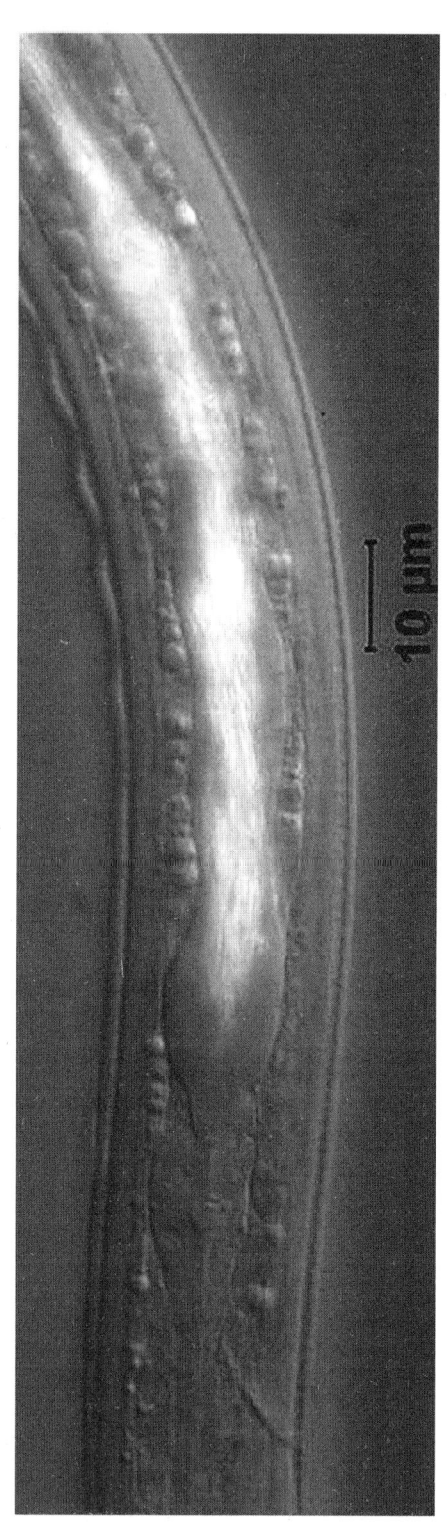

Bacterias
*Photorhabdus
luminescens*
en el interior
del nematodo
*Heterorhabditis
bacteriophora*,
una asociación
simbiótica
utilizada para
infectar insectos
[WormBook, 2005].

eclosionar los huevos, se desarrollan en el interior del insecto y que, una vez liquidado el hospedador, salen del cadáver en busca de nuevas víctimas. El grado de especialización de esta bacteria es de lo más llamativo, ya que solo produce las toxinas cuando el *Heterorhabditis* la suelta en medio de sus víctimas. De hecho, mientras se encuentra en el intestino del gusano, adopta lo que se llama «forma M», en la cual genera unos apéndices que le permiten interaccionar con las células del epitelio intestinal del gusano. Por el contrario, una vez liberada dentro del insecto, cambia a la «forma P», en la que crece rápidamente y produce las toxinas. El cambio de dirección de un simple promotor genético[66] está detrás de esta diferencia de comportamiento. Las dos formas conviven habitualmente, siendo el entorno el que las selecciona. En cualquier caso, las dos criaturas dependen totalmente la una de la otra, ya que *Photorhabdus* sólo puede sobrevivir a largo plazo en el intestino del gusano o dentro del hospedador, mientras que la nueva generación de gusanos sólo puede alimentarse y desarrollarse a partir de los nutrientes producidos por la acción de la bacteria sobre los tejidos del insecto[67].

Pero la bacteria simbiótica no solamente se dedica a intoxicar al bicho, sino que fabrica antibióticos eficaces contra otros microorganismos, probablemente para evitar la competencia por los recursos, una estrategia muy extendida entre ciertos microbios. El tapinarof[68], por ejemplo, un compuesto que se emplea en medicina como tratamiento para la psoriasis, es segregado de forma natural por la *Photorhabdus*. Experimentos con larvas de polilla sustentan las propiedades antibióticas de esta molécula, así como su capacidad para prevenir la putrefacción de los cadáveres de insectos infectados con nematodos. Al margen de ello, por si fuera poco, la perfectamente adaptada bacteria es luminiscente,

---

66 Un promotor genético es una secuencia de ADN que controla la transcripción de un gen, marcando su comienzo y regulando la intensidad.

67 La actuación de la bacteria genera en el insecto una pigmentación roja que se ha interpretado como una estratagema para impedir que, por ejemplo, se lo coma un pájaro, ya que en ese caso ni el gusano ni la bacteria sobrevivirían.

68 (E)-2-isopropil-5-estirilbenceno-1,3-diol.

como su propio nombre indica. En este caso, la luz sirve posiblemente para atraer a otros insectos que pueden convertirse en víctimas del simpático gusano. ¿Y cómo produce luz *Photorhabdus luminescens*? Pues mediante la transformación de unas moléculas orgánicas denominadas luciferinas[69] en presencia de una enzima llamada luciferasa, una reacción que requiere oxígeno y que, junto con otros productos, libera energía en forma de luz.

¿Puede todo esto justificar el resplandor del ángel? Por supuesto que sí. En la zona de la batalla se ha identificado muchas veces la presencia tanto del gusano como de la bacteria; por tanto, no cabe duda de que los insectos debieron depositar en las heridas de los soldados un buen número de larvas que serían pasto del *Heterorhabditis*[70]. Aunque la temperatura normal del cuerpo humano no es adecuada para el microbio, la frialdad de la noche y la lluvia pudieron hacer que los heridos padecieran hipotermia durante horas, un lapso de tiempo suficiente como para que la *Photorhabdus luminescens* se aposentase en las heridas sangrantes y generase los antibióticos que contribuyeron a que no se infectasen con otros microorganismos más peligrosos para los soldados, tales como estafilococos o estreptococos, muy corrientes en los hospitales de campaña.

¿Son las capacidades antisépticas de *Photorhabdus luminescens* una excepción en el mundo de los microorganismos? En absoluto. Baste recordar cuando Alexander Fleming descubrió la penicilina, un antibiótico de amplísimo espectro producido por el hongo *Penicillium notatum*, para comprender que numerosas de estas criaturas han evolucionado a lo largo de eones para segregar unas sustancias que les permiten competir por los nutrientes con ventaja. Y es que, si a las bacterias no les pones coto, acaban devorándolo todo. En el caso de *Photorhabdus*, la capacidad antibiótica se

---

69 A diferencia de las luciferinas extendidas por otras especies, las bacterianas están formadas por un mononucleótido de flavina y un aldehído graso.
70 La bacteria ha sido identificada en varias ocasiones en muestras biológicas procedentes de lesiones de piel, incluso dentro de hospitales, probablemente como consecuencia de la picadura de arañas.

une a su toxicidad para con los insectos y a la luminiscencia para arrojar un coctel evolutivo que no deja de causar impresión.

Aunque, para impresión, la que debieron experimentar aquellos héroes anónimos del campo de batalla de Shiloh, muchos de ellos profundamente religiosos, que sin duda dieron gracias a su ángel de la guarda por salvarles de la muerte sin reparar en que, al menos en esta ocasión, a los seres celestiales que bajaron en su auxilio les dio por tomar la forma de un humilde microorganismo luminiscente al que le gusta vivir en el interior de un gusano.

EL FANTASMA DE LINCOLN

Corría el mes de febrero de 1872 cuando Mary Ann Todd, la desconsolada viuda del célebre presidente Abraham Lincoln, entraba en el estudio de aquel experto en fotografiar espíritus que le habían recomendado. Mary era presbiteriana y nunca había creído en estas cosas, pero desde que su hijo Willie falleciese a los 12 años, víctima de una fiebre tifoidea, había entrado en una profunda depresión de la que nunca se había recuperado del todo. Para más inri, su ilustre marido había sido asesinado siete años atrás por un desalmado[71], algo que no hizo sino aumentar su zozobra y hacerla echarse en brazos del espiritismo en busca de evidencias de que «la vida después de la vida» de sus seres queridos pudiese traerle algo de consuelo a su alma atormentada.

Vestida con una sencilla capa, la desconsolada Mary Ann se sentó, mientras su anfitrión lo preparaba todo. Después, se quitó el velo que cubría su rostro y el fotógrafo tomó la fotografía, una imagen que daría la vuelta al mundo. ¡Allí, detrás de la atribulada viuda, mirándola con cariño y con las manos posadas sobre sus hombros, estaba la inconfundible y fantasmal silueta del decimosexto presidente de los Estados Unidos!

En cuestión de días, la increíble foto circulaba por todos los tabloides del país; de hecho, el propio fotógrafo se encargó de enviársela a un buen número de periódicos —incluyendo alguno

---

71 Lincoln, el presidente que había gobernado los Estados Unidos durante la guerra de Secesión, fue asesinado el 14 de abril de 1865 en el teatro Ford por John Wilkes Booth, un actor que a la vez era espía confederado.

Fotografía tomada hacia 1872 por William H. Mumler, uno de los más conocidos fotógrafos espiritistas del siglo XIX. En la imagen aparece Mary Todd Lincoln acompañada por la supuesta figura translúcida de su marido, el presidente Abraham Lincoln, asesinado en 1865. Estas imágenes se obtenían mediante dobles exposiciones y otros trucos fotográficos, pero en su época fueron interpretadas por muchos como pruebas de contacto con el más allá. El auge del espiritismo coincidió con el desarrollo de nuevas técnicas fotográficas, que a menudo se prestaban a engaños difíciles de detectar [Lincoln Financial Foundation Collection]-

tan prestigioso como el *Boston Herald*— intentando vender tantas copias como pudiera. Y es que William H. Mumler, que así se llamaba el avispado artesano, no era otra cosa que un aprovechado con muy pocos escrúpulos. Presentándose a sí mismo como «fotógrafo de los espíritus», pretendía ser un especialista en la materia cuando en realidad se trataba de un charlatán, especialista en trucar imágenes.

Nacido en 1832, Mumler era grabador de profesión, pero pronto se había aficionado a las nuevas técnicas de fotografía que se venían difundiendo desde finales de la década. Años después, hacia 1861, comenzó a experimentar con la fotografía de retrato. Según parece, un día el bueno de William estaba haciéndose un autorretrato, cuando al revelar la placa apareció la imagen de un fantasmal rostro femenino detrás de él. El impresionado Mumler pensó que se trataba de su prima fallecida, atribuyendo en un principio la imagen a una manifestación sobrenatural.

¿Qué había sucedido? Mumler trabajaba con placas de colodión húmedo (una mezcla de nitrocelulosa[72] en alcohol y éter) sobre vidrio. Estas placas se sumergían en nitrato de plata, lo que las hacía sensibles a la luz y, por tanto, adecuadas para tomar una fotografía. Tras la exposición, la placa se revelaba utilizando sulfato ferroso o ácido pirogálico —el preferido de los retratistas— y la imagen se fijaba con tiosulfato de sodio. Las imágenes obtenidas con este procedimiento eran más fáciles de conseguir que los primeros daguerrotipos y los superaban en calidad. El problema era que la sensibilidad de la placa era tal que un error o una manipulación incorrecta podía dar lugar a extraños efectos. En el caso de la primera imagen *fantasma* de Mumler, se cree que el fotógrafo aficionado utilizó una placa usada que no se había limpiado completamente. De esta forma, cuando hizo su autorretrato, parte de la imagen anterior quedó superpuesta.

---

72 También llamada celuloide o algodón pólvora, la nitrocelulosa es un derivado nitrogenado de la celulosa, que se utiliza mucho como explosivo, materia prima de pinturas, lacas y barnices y base para las emulsiones de las películas fotográficas.

MRS. LINCOLN.

Retrato de Mary Todd Lincoln (1818-1882), realizado en el estudio fotográfico de Mathew Brady en 1861 mediante el procedimiento de albúmina sobre papel. Nacida en una familia acomodada de Kentucky, Mary Lincoln tuvo una fuerte personalidad y mostró siempre gran interés por la política, algo poco habitual para una mujer de su época. Durante la presidencia de Abraham Lincoln fue observada con atención por la prensa y la sociedad, y cuidó especialmente su imagen pública, como reflejan los numerosos retratos fotográficos en los que aparece con elaborados vestidos y joyas [National Portrait Gallery, Smithsonian Institution].

No se sabe cuánto tiempo tardó Mumler en darse cuenta de lo sucedido, pero es seguro que pronto desarrolló un procedimiento para repetirlo a propósito. De hecho, la técnica del antiguo grabador no era otra que el célebre método de la doble exposición, en la que se expone la misma placa dos veces: primero con el retrato de una persona ya fallecida en tonos más suaves y luego con la del cliente real. Al colocar un negativo ya revelado sobre la placa antes de la exposición final se produce un cierto efecto translúcido, típico de los fantasmas. Además, pequeñas variaciones en el revelado o contaminaciones con productos químicos pueden hacer que partes de la imagen se desvanezcan o aparezcan borrosas, reforzando el efecto espectral. Con tiempo y entrenamiento, la técnica da el pego de maravilla.

Justo ese mismo año había comenzado la guerra de Secesión y los muertos empezaban a acumularse por miles. Los familiares de los más de seiscientos mil caídos durante la contienda estaban desesperados por encontrar algo de luz en la oscuridad, por lo que la posibilidad de entrar en contacto con sus seres queridos, para asegurarse de que de algún modo seguían existiendo después de morir, era una tentación demasiado grande para dejarla pasar. Además, desde la publicación en 1857 del famoso *Libro de los espíritus* de Allan Kardec, la práctica del espiritismo se estaba convirtiendo en un fenómeno de alcance global. Mumler se dio cuenta de inmediato del potencial que tenía aquel engaño, de modo que abandonó su oficio para dedicarse a fotografiar espíritus a tiempo completo, cobrándoles, de paso, a sus clientes cinco veces lo que costaba una foto normal.

Naturalmente, hubo gente que no estuvo nada conforme con las artes del nuevo fotógrafo del más allá y menos aún con las de su mujer, Hanna, una famosa médium sanadora que tenía su propio negocio. Al menos durante un tiempo, el domicilio de los Mumler debió ser una especie de centro comercial del espiritismo, un sitio donde primero podías hablar con los muertos y luego llevarte una foto. Los escépticos empezaron a prodigarse, aunque al principio ningún experto en fotografía parecía ser capaz de encontrar evidencias de fraude en las imágenes tomadas por William.

W. H. MUMLER.

Sin embargo, pronto asomaron los problemas; algunas personas denunciaron que los supuestos fantasmas se parecían más a ciertos individuos que estaban vivitos y coleando, que Mumler les pedía a menudo a sus clientes fotos de sus seres queridos para «ir entrando en contacto» o incluso que el intrépido grabador allanaba viviendas para llevarse las fotos de los difuntos. Al final, fue llevado a juicio en 1869 bajo la acusación de fraude.

El juicio de Mumler fue un auténtico escándalo. Entre los testigos de la acusación se encontraba nada menos que Phineas Taylor Barnum, el famoso rey del espectáculo, que también tenía más cara que espalda y que décadas atrás se había hecho famoso con fraudes como el de la «Sirena de Fiyi»[73]. Bien por celos hacia el éxito de Mumler, o bien porque ya, con casi 60 años, se le habían pasado las ganas de tomarle el pelo a la gente, el célebre empresario circense contrató a Abraham Bogardus, un conocido fotógrafo con décadas de experiencia, para demostrar lo fácil que resultaba en realidad fabricar una imagen en la que apareciese un espíritu. Las circunstancias parecían obrar en contra de Mumler, quien, sin embargo, fue absuelto porque la fiscalía no pudo probar más allá de toda duda que estaba fabricando las fotografías.

Además de detractores, el antiguo grabador también tenía muchos defensores que creían que las imágenes eran auténticas. Entre la legión de seguidores se encontraban otros famosos médiums y aficionados al espiritismo, así como, por supuesto, la mayor parte de sus clientes. Entre los primeros se encontraba William Stainton Moses[74], un famoso promotor de lo paranormal que, cuando la imagen del *fantasma* de Lincoln salió a la palestra, afirmaba que la viuda se presentó en el estudio de Mumler con un apellido diferente y que el fotógrafo no sabía que se trataba de ella hasta después de haber tomado la imagen. De hecho, que

---

73 En 1842, Barnum presentó en olor de multitud el cadáver de una supuesta sirena que, en realidad, era la mitad del cuerpo de un mono cosido a la cola de un pez, todo ello recubierto de papel maché.

74 Moses era un clérigo inglés que creía profundamente en el espiritismo. Se hizo famoso promoviendo la «escritura automática», una supuesta habilidad psíquica en la que las personas escribirían de forma inconsciente bajo los dictados de los espíritus. Fue cofundador del todavía existente College of Psychic Studies, sito en Londres.

AN EARLY PORTRAIT OF MR. STAINTON MOSES.

Mary Ann Todd se presentase como una tal «Sra. Lindall» ha sido ampliamente mencionado por los devotos de lo paranormal como prueba de que Mumler no pudo cometer fraude porque no sabía que su cliente era la viuda de Lincoln. Sin embargo, la explicación de la aparente incongruencia puede ser bastante sencilla. Aunque se presentase con otro apellido, Mary Ann era una personalidad muy conocida, por lo que el avispado fotógrafo no debió tardar en darse cuenta de quién era. Además, es probable que conociese su visita de antemano.

Fuera como fuese, nunca se llegó a saber con certeza cómo Mumler confeccionó la célebre foto del fantasma. Por supuesto, no fue la única que hizo, ni mucho menos, siendo algunas de las demás también famosas, como la del joven médium Master Harrod, que aparecía en una imagen rodeado de varios espíritus[75], o la de Moses A. Dow, el editor del *The Waverley Magazine*, fotografiado en compañía del supuesto espectro de una asistente fallecida. Tuvo también cierta repercusión la de Fanny Conant, una conocida médium de Boston, en cuya imagen se mostraba el fantasma de su hermano. El consenso generalizado es que Mumler se agenciaba fotos de personas ya fallecidas para utilizarlas después mediante el método de la doble exposición. De hecho, una de las principales críticas que recibió por la foto de Lincoln es que la silueta que aparecía era semejante a la de otras imágenes bien conocidas del presidente.

Tras pasar una temporada en una institución psiquiátrica, Mary Todd pasó varios años viajando por Europa y después se fue a vivir con su hermana. Falleció en 1882 y fue enterrada con su marido en un mausoleo familiar en el cementerio de Oak Ridge en Springfield, Illinois, donde duerme el sueño eterno sin que nadie haya vuelto a oír hablar de fantasmas.

En cuanto a Mumler, el antiguo grabador metido a fotógrafo de los espíritus, el famoso juicio le terminó pasando factura, así que decidió dedicar su innegable talento a otros menesteres relacio-

---

75 Mumler confirmó su falta de escrúpulos intentando vender esta fotografía a través del *The Religio-Philosophical Journal* en 1872.

Imagen realizada por el fotógrafo Abraham Bogardus por encargo de P. T. Barnum para el juicio contra William H. Mumler, célebre por sus supuestas fotografías de espíritus. La imagen, en la que aparece Barnum junto al fantasma de Abraham Lincoln, se presentó como prueba de que este tipo de retratos podían fabricarse mediante trucos fotográficos como la doble exposición. El proceso judicial, celebrado en 1869, mostró hasta qué punto las nuevas técnicas de la fotografía podían convencer al público incluso cuando se trataba de imágenes manipuladas.

nados con la fotografía. Así, mientras continuaba con su carrera, ahora ya dedicado a tomar imágenes genuinas y menos extravagantes, descubrió un procedimiento mediante el cual las placas de fotoelectrotipo (planchas metálicas creadas por electrodeposición a partir de una fotografía, destinadas a imprimir copias de ella en papel) podían producirse con relativa facilidad. Su nuevo «método Mumler» le permitió vivir con cierta holgura, aunque no tanta como la que disfrutaba en sus tiempos de gloria[76]. Falleció en 1884, con apenas 52 años, y al poco tiempo se publicó un obituario que glosaba sus destacadas contribuciones al mundo de la fotografía.

Así, como de pasada, la última línea hacía la siguiente referencia a sus pecados de años atrás: «En su momento, el finado ganó considerable notoriedad en relación con las fotografías de los espíritus».

Sin comentarios.

---

76 Mumler nunca admitió haber cometido fraude y siempre defendió que sus imágenes eran auténticas; no obstante, al final de su vida destruyó la mayor parte de los negativos.

LOS REBELDES DEL BOULEVARD

La exposición de pintura *independiente* del 15 de abril de 1874, en el 35 del «boulevard des Capucines» del IX Distrito de París, tuvo cierta repercusión entre los aficionados a la pintura de la capital francesa, pero no fue nada bien recibida por la crítica conservadora. ¿Cómo osaba aquel puñado de advenedizos, esos *aficionados* Cézanne, Degas, Monet, Pissarro, Renoir, Sisley y compañía, exponer a las espaldas de la todopoderosa Academia de Bellas Artes y su prestigioso Salón de París? Cierto era que el Salón había rechazado con anterioridad muchos de sus cuadros, pero es que estos supuestos vanguardistas se apartaban de la estética académica y abordaban temas inconvenientes para la sociedad. Ya había habido bastante polémica unos años antes con el famoso «Salon des Refusés»[77], autorizado a regañadientes por Napoleón III, en el que Édouard Manet había dado a conocer su obra *El almuerzo sobre la hierba*, con un desnudo femenino que había causado un auténtico escándalo, como para que una nueva exposición *rebelde* dinamitase los bien establecidos pilares del mundo del arte.

Pero ¿qué pintaban los impresionistas[78] que no encajase en el *establishment* de la época? Pintaban la realidad, pero lo hacían sin preocuparse de la identidad objetiva de las formas, sino representándola según la impresión momentánea que producía la luz,

---

77 Literalmente, «salón de los rechazados».
78 El nombre es consecuencia de un comentario despectivo del crítico francés Louis Leroy con respecto al cuadro *Impresión, sol naciente* de Claude Monet. El bueno de Leroy nunca imaginó que su calificativo llegaría a bautizar para siempre a uno de los movimientos más importantes de la pintura universal.

Naturaleza muerta pintada por Paul
Cézanne hacia 1898, en la que el artista
dispone frutas, telas y objetos cotidianos
con una composición cuidadosamente
construida. Cézanne trabajaba lentamente,
superponiendo capas de pintura al óleo para
modificar formas y colores hasta alcanzar el
equilibrio deseado [Hermitage Museum].

Fotografía tomada en Auvers-sur-Oise en 1874 en la que aparecen Camille Pissarro sentado a la derecha y Paul Cézanne a la izquierda, acompañados por varios amigos y familiares, entre ellos Lucien Pissarro, hijo del pintor. La imagen pertenece a los años en que el grupo impresionista comenzaba a trabajar al margen de los circuitos oficiales, reuniéndose en entornos rurales y pequeños pueblos cercanos a París [Archives Musée Camille Pissarro].

dándole la máxima importancia a la pincelada y al color. Además, lejos de trabajar en interiores, se desplazaban para hacerlo al aire libre. Estas características estaban muy alejadas de lo hecho con anterioridad y resultaban algo extravagantes para muchos de los críticos de la época a los que aquellas líneas difuminadas, aquellas figuras casi fantasmales y los extraños juegos de luz les resultaban de lo más chocante. Sin embargo, esas innovaciones anunciaban el futuro de la pintura de una forma que ni siquiera sus propios protagonistas podían sospechar.

En realidad, la nueva moda no era del todo reciente, sino que llevaba décadas gestándose. Algunos paisajistas ingleses de la primera mitad del siglo xix, como Turner o Constable, ya habían trasteado con estas ideas, pero fueron los avances científicos y tecnológicos de mediados de la centuria los que proporcionaron el soporte técnico en el que se apoyaría el impresionismo. El ferrocarril, por ejemplo, fue fundamental para que los artistas pudieran desplazarse lejos de sus estudios de pintura, pero, más allá de toda duda, fue la química la que desencadenó la revolución de la luz y del color.

A lo largo de la historia, los pintores siempre tuvieron que apañarse con pigmentos de origen natural, caros, inestables y a menudo difíciles de preparar. El blanco, por ejemplo, se obtenía de la caliza o de la mezcla de plomo y vinagre. El negro se preparaba con hollín o calcinando huesos. Para el rojo se utilizaba el bermellón del cinabrio o el carmín de la cochinilla. El azul procedía de minerales como el lapislázuli o la azurita y de vegetales como el índigo. El amarillo, el marrón y el verde también se obtenían principalmente de minerales[79]. Sin embargo, el desarrollo de la química moderna a partir de Lavoisier derivó en la invención de una serie de pigmentos sintéticos que cambiarían la historia del arte para siempre. Muchos de estos nuevos colores aparecieron en la primera mitad del siglo xix, aunque no estuvieron verdaderamente disponibles para los pintores hasta varias décadas después.

---

79 El ocre amarillo se obtenía a partir de óxidos de hierro, el verde a partir de la malaquita o de cobre corroído (verdigrís) y el marrón, por su parte, a partir de minerales de hierro y manganeso.

Louis Jacques Thénard (1777-1857) fue uno de los químicos franceses más importantes de comienzos del siglo XIX. En 1808 logró aislar el boro junto a Gay-Lussac y descubrió el peróxido de hidrógeno, un compuesto con gran poder oxidante que más tarde tendría numerosas aplicaciones médicas e industriales. Sus investigaciones se desarrollaron en una época en la que la química comenzaba a consolidarse como ciencia experimental, basada en el análisis preciso de sustancias y reacciones [Wikimedia Commons].

Uno de los primeros y más famosos pigmentos novedosos fue el azul cobalto[80] o azul Thénard, una mezcla de arseniato y fosfato de cobalto calentada al rojo con alúmina, inventada por el químico francés del mismo nombre hacia 1802. El azul cobalto fue acogido con entusiasmo por los pintores, ya que era considerablemente más barato que el lapislázuli y proporcionaba un color puro, brillante, estable y que se secaba con rapidez. El advenimiento del revolucionario pigmento dio el pistoletazo de salida a una carrera en la que participaría un ramillete de nuevos colores, hasta el punto de que para 1865 la paleta de los pintores no tenía nada que ver con la de cincuenta años atrás. Así, al azul de cobalto se le unieron el amarillo limón, el amarillo cadmio —uno de los colores más importantes para los nuevos artistas—, el naranja cadmio, el violeta cobalto, el rojo de cadmio (el nuevo bermellón), la alizarina[81] (laca de granza) y el verde esmeralda (viridián), un hermoso pigmento verde azulado de color intenso[82]. Muchas de estas pinturas están hechas, como su propio nombre indica, de compuestos como el sulfuro o el seleniuro de cadmio, cuya estructura electrónica hace que absorban y reflejen las diferentes longitudes de onda de la luz visible de una manera que da lugar a colores muy vivos. Además, los compuestos de cadmio que se utilizan en pintura son muy estables frente a la luz ultravioleta, soportan altas temperaturas, no cambian de color por oxidación o humedad y no reaccionan fácilmente con otros pigmentos ni con el aglutinante de la pintura[83].

---

80 Existen pruebas de que en el Egipto dinástico ya se utilizaban un pigmento a base de aluminato de cobalto y un vidriado de óxido de cobalto llamado azul de esmalte. La receta del primero se perdió durante milenios, mientras que el segundo fue empleado con diversas composiciones a lo largo de la Edad Moderna.

81 La alizarina (1,2-dihidroxiantraquinona) es la molécula de la laca de granza, un famoso pigmento que se obtenía durante siglos de las raíces de las plantas de rubia.

82 Compuesto por una mezcla de óxido de cromo hidratado y anhídrido bórico, el viridián es muy resistente a la luz y al calor y, además, se seca muy bien. Sustituyó rápidamente al verde de París, un compuesto de cobre de considerable toxicidad, responsable de la muerte de varios pintores a lo largo del siglo XIX.

83 Hoy en día los pigmentos de cadmio han sido sustituidos por otros más seguros, ya que el cadmio resulta bastante tóxico.

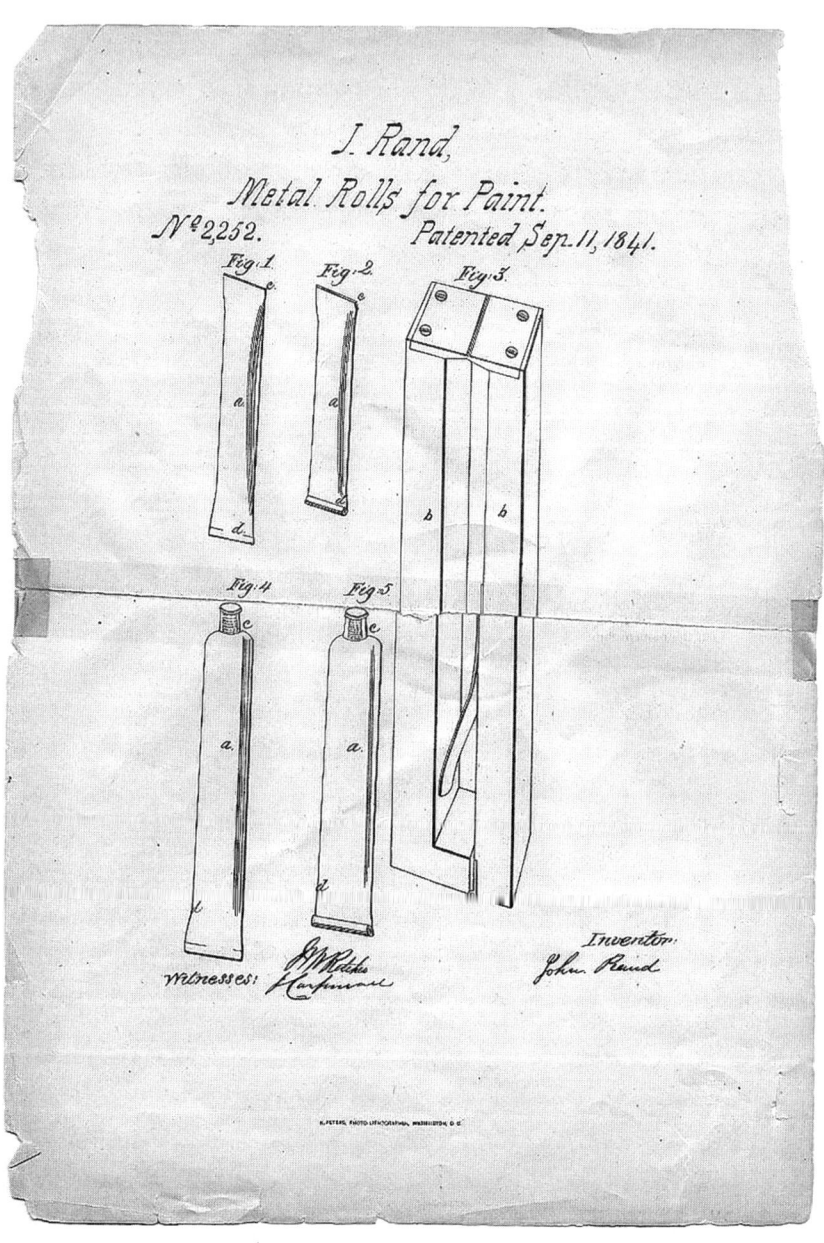

John Goffe Rand (1801-1873), pintor e inventor estadounidense, patentó en 1841 el primer tubo metálico plegable para conservar pintura al óleo. Antes de este invento, los colores se guardaban en vejigas de animal, que se secaban con facilidad y dificultaban su transporte. El tubo de estaño permitía conservar la pintura durante más tiempo y llevarla al exterior, un cambio técnico que facilitó el trabajo al aire libre y contribuyó al desarrollo de nuevas formas de pintar en el siglo XIX [Archives of American Art, Smithsonian Institution].

La disponibilidad de estos nuevos colores se produjo de forma paulatina y por eso la revolución impresionista tardó un poco en llegar. El amarillo de cadmio, por ejemplo, no se popularizó hasta 1846, mientras que el amarillo zinc[84] (amarillo limón) no estuvo disponible en la práctica hasta 1850 y el viridián hasta 1860. Además, el estudio científico de los colores mostró hacia 1840 que en cualquier pintura los colores adyacentes se veían atenuados por causa del cansancio visual, un efecto que solo podía combatirse con la yuxtaposición de colores complementarios. Los impresionistas aprendieron el efecto y más tarde experimentarían mucho con ello.

Pero la química no solo vino en ayuda de la pintura de vanguardia a través de efectos y pigmentos novedosos, sino también con algo tan prosaico como el medio para transportarlos. En efecto, los viejos colores se llevaban en engorrosos recipientes, principalmente de vejiga de cerdo o cristal, que resultaban caros, complicados de sacar fuera del estudio y que, además, desperdiciaban pintura. Sin embargo, en una de esas innovaciones que parecen poco importantes pero que terminan transformando para siempre industrias enteras, en 1841, el pintor e inventor norteamericano John Goffe Rand, que como artista no era una lumbrera pero como inventor era bastante avispado, patentaba el diseño de un tubo de estaño maleable que podía cerrarse con un tapón de rosca y permitía transportar fácilmente una cantidad moderada de pintura al óleo, la cual, mientras se mantuviese dentro del tubo cerrado, no se secaba. El estaño era el material perfecto para confeccionar el tubo, ya que, además de ser maleable, no reaccionaba fácilmente con las pinturas[85].

Sin sospecharlo, con ese humilde invento el señor Rand acababa de sacar a los artistas de sus talleres, pues no solo les ahorraba mucho tiempo a la hora de preparar sus pinturas, sino que bastaba un pequeño maletín con unos pocos tubos para coger el

---

84 El amarillo zinc es cromato de zinc y potasio hidratado, de fórmula $4ZnCrO_4.K_2O.3H_2O$.
85 El estaño se aleaba a menudo con un poco de plomo. Sin embargo, era caro y el plomo resultaba tóxico, por lo que con el tiempo fue sustituido por el aluminio, que es el material estándar del que están hechos los modernos tubos de pintura. El aluminio es barato, ligero y carece de toxicidad.

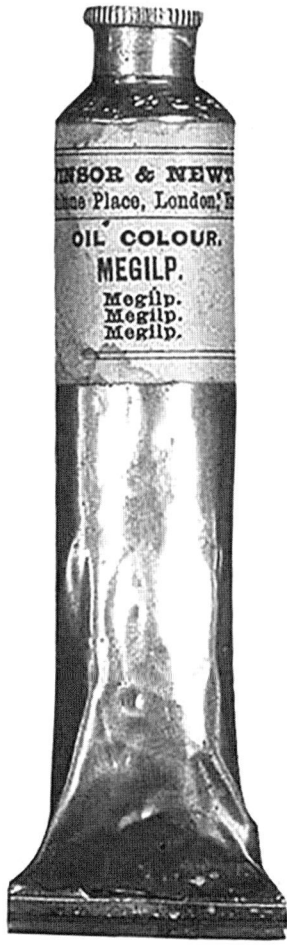

Tubo de megilp fabricado por Winsor & Newton siguiendo la patente de John Goffe Rand para envases metálicos plegables. El megilp era un médium muy usado en la pintura al óleo, elaborado con aceites y resinas para dar mayor transparencia y fluidez al color. La introducción del tubo metálico permitió conservar estas mezclas durante más tiempo y transportarlas sin que se secaran, lo que supuso un cambio importante en la técnica pictórica del siglo XIX.

tren y ponerse a pintar al aire libre en la costa de Bretaña o de Normandía. Además, como los pigmentos no se secaban, podía experimentarse con los diferentes efectos de luz según las distintas horas del día. En palabras atribuidas por su hijo[86] al gran pintor Pierre-Auguste Renoir: «Sin pinturas en tubos, no habría habido Cézanne, ni Monet, ni Sisley ni Pissarro, nada de lo que los periodistas llamarían más tarde impresionismo».

Una vez inventado, el tubo de estaño se extendió como la pólvora. Tanto es así que poco tiempo después de que Rand tuviese su feliz idea, las firmas británicas Winsor & Newton y Harding & Co. ya fabricaban tubos de estos a destajo, aunque sin duda fuese la francesa Lefranc & Bourgeois la preferida de los impresionistas. Aunque muy parecidos de diseño, los productos de las distintas marcas incluían algunas diferencias. Por ejemplo, el aceite de linaza[87] refinado al sol era el aglutinante de pintura más empleado, pero los de Winsor & Newton a veces echaban aceite de amapola o de nuez a los pigmentos más claros para evitar el amarilleo. Por otra parte, los tapones, que en un principio eran de corcho o de plomo sellado, pronto evolucionaron a tapones metálicos de rosca, siendo una vez más Winsor & Newton la primera firma que consiguió un buen cierre hermético, que permitía a las pinturas mantenerse intactas durante mucho tiempo. Estos proveedores competían ferozmente entre ellos, aunque las preferencias solían estar relacionadas con la nacionalidad. Así, mientras que el veterano Turner y otros artistas británicos usaban con frecuencia los productos de Winsor, Monet y Renoir siempre trabajaban con Lefranc & Burgeois. No obstante, según el color buscado, los pintores impresionistas cambiaban de proveedor de acuerdo con sus necesidades.

---

86 Se trata, como no, de Jean Renoir, el famoso guionista y cineasta francés.
87 El aceite de linaza se extrae de las semillas de lino y es muy empleado en pintura al óleo porque al secarse se oxida y se polimeriza, formando una película transparente, resistente y elástica. Una vez seco, no se disuelve fácilmente, adhiriéndose bien a la superficie del lienzo y protegiendo la estabilidad de la obra pictórica. Además, intensifica el color y brillo de los pigmentos.

En la década de 1880, el original rechazo de crítica y público a los impresionistas se fue transformando en reconocimiento generalizado. A ello contribuyó de forma especial el famoso marchante Paul Durand-Ruel, que empezó a organizar grandes exposiciones de éxito en París, Londres y Nueva York. Los grandes pintores impresionistas incrementaron sus ventas y los precios escalaron a niveles elevados para la época. A partir de 1886, museos y coleccionistas privados comenzaron a comprar obras impresionistas; incluso críticos relevantes empezaron a defender el movimiento. Grandes eventos se sucedían en Berlín, Boston o Nueva York en los que se exponían decenas de cuadros de los nuevos maestros.

El impresionismo había pasado de ser un escándalo a ser tendencia. Quién se lo iba a decir a aquellos académicos indignados con la pequeña exposición del boulevard des Capucines, que habían tratado despectivamente a los magos vanguardistas de la luz y del color.

LA *BLITZKRIEG* DE LAS ANFETAS

Corría mayo de 1940 y el curso de la Segunda Guerra Mundial parecía haberse inclinado decisivamente hacia los intereses alemanes. En apenas unos días, las divisiones acorazadas del Tercer Reich habían atravesado las hasta entonces tenidas por impenetrables Ardenas, tomando por sorpresa a los Aliados y abriendo una enorme brecha en el frente, lo que les permitiría rodear al ejército francés y al Cuerpo Expedicionario Británico. La catástrofe, conocida como la batalla de Sedán, condenó a Francia a la derrota y a Europa occidental a soportar el pesado yugo nazi durante cuatro largos años hasta que los Aliados desembarcaron en Normandía.

La batalla de Sedán es quizás el ejemplo más conocido de la *blitzkrieg* (literalmente, «guerra relámpago»), un tipo de ofensiva inventada por los alemanes y estudiada en todas las academias militares, que se basa en una combinación de movilidad, comunicaciones por radio y colaboración de los tanques con la aviación, lo que permite golpear con una fuerza irresistible un punto concreto del frente enemigo, tras lo cual los carros de combate se introducen detrás de las líneas enemigas y las desbaratan por completo. Si las cosas salen bien, un rival poco prevenido puede ser derrotado en cuestión de días. La Wehrmacht ya había estrenado el concepto con muy buenos resultados durante la campaña de Polonia en 1939, pero fue durante la invasión de Francia cuando la nueva táctica alcanzó su madurez. Acostumbrado al horror de las trincheras de la Primera Guerra Mundial, el mundo

El general Heinz Guderian aparece junto a una máquina Enigma instalada en un semio-ruga utilizado como puesto de mando móvil durante la campaña de Francia en 1940. La Enigma permitía cifrar las comunicaciones militares alemanas, lo que facilitaba coordinar con rapidez unidades blindadas y de infantería. La combinación de radio, criptografía y movilidad fue uno de los factores decisivos en el éxito inicial de la guerra relámpago alemana al comienzo de la Segunda Guerra Mundial.

militar contemplaba asombrado el vigor y la velocidad del imparable avance alemán.

Sin embargo, los soldados aliados en el frente notaron algo más que el poder desatado de los pánzers y de los *stukas*[88]. Cuando se encontraban cara a cara con los alemanes, muchos de ellos se topaban con individuos eufóricos y aparentemente incansables, ajenos a la fatiga y las penalidades del combate. Sus oficiales, por su parte, había algo que no entendían. Por mucho que los tanques enemigos empujasen, atravesar los tupidos bosques, salvar los cauces de los ríos y superar las defensas llevaba su tiempo. ¿Cómo era posible que los alemanes se moviesen tan rápido? ¿Es que no necesitaban dormir y descansar?

Por extraño que pueda parecer, la respuesta es que no. En mayo de 1940, los soldados alemanes que iban a bordo de los carros de combate y muchos de los pilotos que tripulaban los aviones de la Luftwaffe iban totalmente hasta las cejas de metanfetaminas. Eso les permitía realizar operaciones de forma incansable sin apenas notar la fatiga y el sueño durante días. El secreto de la fulgurante penetración de los Panzer en Sedán no solo estuvo en la táctica utilizada, sino en que los invasores habían sido convertidos en una especie de superhombres, al menos durante algún tiempo.

Aunque las anfetaminas eran conocidas desde finales del siglo XIX, sus aplicaciones prácticas no se comenzaron a desarrollar hasta la década de los veinte. Hacia 1938, la empresa alemana Temmler-Werke empezó a comercializar el Pervitin, una metanfetamina que se vendía sin receta y que pronto se hizo popular, sobre todo entre los jóvenes estudiantes. La droga era promocionada como un estimulante ideal que mejoraba la concentración y la energía. Como suele ser habitual, los militares se interesaron por las propiedades de la nueva sustancia y, en 1939, el Dr. Otto Ranke, director del Instituto de Fisiología General y Militar, efectuó pruebas con soldados que demostraron que, bajo los efectos

---

88 El Junkers Ju 87 o *Stuka* (del alemán *Sturzkampfflugzeug*, «bombardero en picado») fue un bombardero y avión de ataque a tierra alemán que sembró el pánico en los campos de batalla durante los primeros años de la Segunda Guerra Mundial.

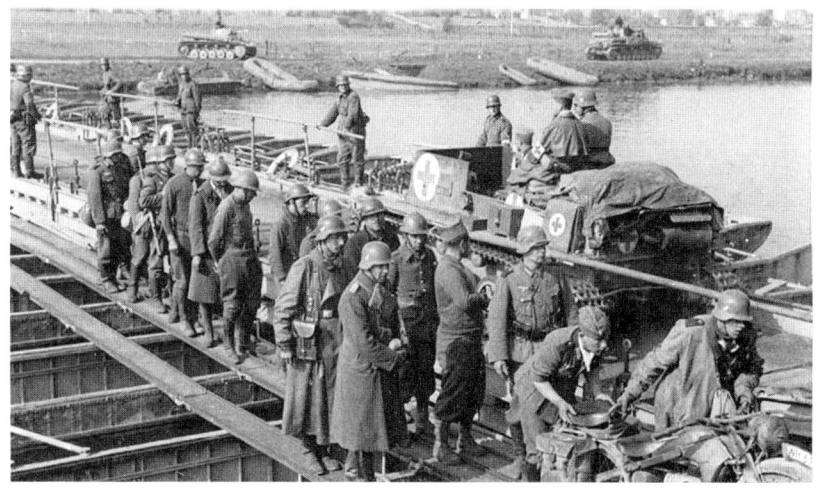

El 1.er Regimiento Panzer cruza un puente cerca de Sedan [Army film office].

de la droga, podían permanecer despiertos y activos durante un periodo prolongado sin mostrar signo alguno de cansancio. A raíz de las investigaciones de Ranke, el Pervitin se convirtió en parte del equipamiento estándar de las tropas de la Wehrmacht, que llegaron a consumir 35 millones de pastillas de metanfetamina durante las campañas de Noruega y de Francia[89].

Lo curioso es que el régimen nazi estaba totalmente en contra del consumo de drogas, que consideraban «decadente», por lo que el Pervitin y su colega el Isophan[90], otra metanfetamina de efectos similares, podían parecer una excepción. Sin embargo, en este caso los nazis las veían con buenos ojos porque se trataba de sustancias estimulantes, que encajaban bien en la mitología del alemán ario, fuerte y resistente, inasequible al desaliento y lleno de energía. De hecho, muchos jerarcas nazis consumieron anfetaminas a lo largo de la guerra, incluidos Hermann Göring e incluso el mismísimo Hitler.

---

89 En aquellos días se llegaron a vender y distribuir entre los soldados y civiles alemanes unas tabletas energéticas, *Fliegerschokolade* y *Panzerschokolade* (literalmente, el chocolate de los aviones y de los tanques, respectivamente), que incorporaban entre sus ingredientes varios miligramos de metanfetamina.
90 El Isophan era un producto similar al Pervitin, aunque de efectos algo menos intensos, fabricado por la empresa farmacéutica Knoll.

¿Por qué producen semejantes efectos las metanfetaminas? Su estructura es muy similar a la de las anfetaminas, que a su vez derivan de la efedrina, una amina de origen vegetal muy utilizada en la (mal llamada) medicina tradicional china. Todas estas moléculas son agonistas adrenérgicos[91] estructuralmente relacionados con la famosa hormona adrenalina y funcionan como potentes estimuladores del sistema nervioso central, liberando grandes cantidades de dopamina en el cerebro. La diferencia entre las anfetaminas y las metanfetaminas es que las segundas tienen efectos más pronunciados. Suministradas en forma de clorhidrato, sus efectos incluyen aumento de la vigilia, resistencia física, supresión del apetito y de la fatiga, euforia y agresividad[92]. Vamos, que es la pastilla ideal para pasar varios días en un tanque sin dormir y casi sin comer.

Claro está que el problema del consumo descontrolado, como pronto descubrieron los soldados alemanes, es una batería de efectos secundarios a cada cual más pernicioso. Además de adición, el abuso de metanfetaminas genera ansiedad y depresión y, en casos más graves, paranoia e incluso psicosis. Por no hablar del deterioro generalizado de la salud, consecuencia de someter al organismo a un sobreesfuerzo descomunal para el que no está preparado.

Los oficiales alemanes no tardaron en darse cuenta de los graves inconvenientes que ocasionaba el abuso del Pervitin. Al cabo de poco tiempo, los soldados parecían zombis en un estado lamentable. A veces, se volvían extremadamente agresivos e incluso llegaban a atacar a sus superiores. Algunos historiadores consideran que el consumo continuado de metanfetaminas podría ayudar a explicar, en alguna medida, por qué muchos soldados de la Wehrmacht se convirtieron en asesinos despiadados que masa-

---

91 Un agonista adrenérgico es una sustancia que estimula los receptores del mismo nombre que se encuentran en el sistema nervioso simpático, que es el que activa la respuesta de lucha o huida.

92 También tienen un marcado efecto afrodisíaco, razón por la que se las conoce como las «drogas de las fiestas». Conocidas en nuestros tiempos como cristal o *speed*, se calcula que al menos veinticinco millones de personas abusan de su consumo de forma habitual.

Take Amphetamines!

Watch Out Canadians!
Here comes the USAF!

craban a la población civil. Los efectos negativos de la droga sobre la moral de las tropas hicieron que, a partir de finales de 1940, el suministro de droga se redujese en un 90 %. En julio de 1941, coincidiendo con la invasión de Rusia, el Gobierno alemán clasificó la droga como de uso restringido, aunque ello no fue óbice para que ese año se suministrasen millones de tabletas.

Curiosamente, mientras los alemanes empezaban a desconfiar del Pervitin y tomaban precauciones, los ingleses tomaron de alguna forma el relevo tras hacerse con un puñado de muestras de metanfetamina que encontraron entre los restos de los aviadores alemanes derribados durante la batalla de Inglaterra. Convencidos de que el secreto de la ya legendaria resistencia de las tropas alemanas estaba en las drogas, comenzaron a suministrar abiertamente a sus aviadores pastillas de bencedrina, una anfetamina algo más *light* que también garantizaba que los pilotos de la Royal Air Force volasen durante horas y horas. La práctica terminó por extenderse a todo el ejército, por ejemplo en la batalla de El Alamein, una de las victorias aliadas decisivas de la guerra, en la que el mariscal Montgomery llegó a distribuir más de cien mil pastillas de bencedrina entre sus soldados.

A medida que avanzaba la guerra y la cosa se iba poniendo fea, los nazis retomaron la idea de suplir la ya crónica falta de recursos militares con la creación de supersoldados. En una situación cada vez más desesperada, no solo ya no importaban los efectos secundarios del Pervitin, sino que era preciso encontrar algo aún más potente. Así, en la primavera de 1944, oficiales de alto rango como el vicealmirante Hellmuth Heye empezaron a abogar abiertamente por el desarrollo de drogas que, además de los típicos efectos de las metanfetaminas, proporcionasen a los soldados una fuerza sobrehumana. Esto, naturalmente, era más fácil de decir que de hacer, pero bajo órdenes directas del siniestro Heinrich Himmler[93], investigadores alemanes que trabajaban bajo el máximo secreto en la ciudad portuaria de Kiel consiguieron desarrollar en pocos meses una fórmula prometedora a la que denominaron D-IX, que contenía en cada tableta 5 mg de oxicodona, 5 mg de cocaína y 3 mg de metanfetamina[94]. Estos investigadores, liderados por el farmacólogo Gerhard Orzechowski, obligaron a los prisioneros del campo de concentración de Sachsenhausen a caminar en círculo, sin parar, cargados con una mochila de 20 kilos. Algunos de estos hombres fueron capaces de aguantar durante más de 24 horas, cubriendo una distancia equivalente a 90 kilómetros.

---

93 Heinrich Lutpold Himmler (1900-1945) fue uno de los principales líderes del régimen nazi. Como jefe tanto de las SS como de la Gestapo, dirigió el exterminio de millones de personas en los campos de concentración. Se suicidó con una cápsula de cianuro en 1945.

94 La oxicodona es un opioide semisintético que se utiliza para el tratamiento del dolor moderado o severo. Como todos los de su clase, es adictivo y su abuso está muy extendido. La cocaína, por su parte, es un alcaloide con un gran potencial estimulante, que agudiza el estado de alerta y genera una intensa sensación de felicidad. Muy adictiva, es probablemente la droga recreativa más utilizada del mundo.

A pesar de los terribles efectos secundarios que experimentaron los prisioneros —que incluían la aparición casi inmediata de episodios psicóticos, deterioro físico severo e incluso la muerte—, los entusiasmados jerarcas nazis planearon suministrar el D-IX a todo el ejército, aunque por fortuna la guerra terminó antes de que pudiese comenzar la producción en masa. Los militares, sin embargo, llegaron a utilizarlo de forma experimental con tripulantes de torpedos humanos y submarinos enanos de la Kriegsmarine, si bien su impacto fue muy limitado. Tras el fin de la contienda, los aliados encontraron algunos documentos acerca del proyecto, que sirvieron de base para ciertos experimentos de escasa continuidad que se llevaron a cabo durante la Guerra Fría.

Así que ya lo saben: la célebre *blitzkrieg*, que llevó a las tropas alemanas a apoderarse de Europa entre 1939 y 1942, no solo contó con el poder desatado de los blindados y los bombarderos en picado, sino también con un arma farmacológica que llevó a los soldados del Tercer Reich a explorar los límites del rendimiento y la resistencia humanas, aunque fuese a cambio de pagarlo muy caro.

BOMBAS, MOSTAZA Y QUIMIOTERAPIA

El 2 de diciembre de 1943 ha pasado a la historia como el día en que los Aliados sufrieron el ataque más devastador que se recuerda en un puerto después del de Pearl Harbor[95]. Tras apoderarse de la hermosa ciudad de Bari, en el sur de la bota italiana, los enemigos de Hitler habían convertido el puerto en la principal base de abastecimiento del 8.º Ejército británico y de la 15.ª Fuerza Aérea norteamericana. Habiéndose adueñado de los cielos del sur de Italia, los invasores no esperaban ninguna respuesta por parte de la debilitada Luftwaffe. Como consecuencia del exceso de confianza, Bari apenas contaba con artillería antiaérea, el aeródromo carecía de aviones de caza y el principal radar de la zona estaba averiado.

Pero el mariscal alemán Albert Kesselring[96] tenía otros planes. Decidido a golpear duramente al enemigo, reunió todos los aviones que pudo y envió decenas de bombarderos Ju 88, en vuelo rasante, que pillaron por sorpresa a los más de treinta barcos que atestaban la bahía. El resultado fue un completo desastre. A cambio de perder únicamente un avión, los alemanes destruyeron la friolera de 28 barcos, con la pérdida de dos mil vidas humanas, entre civiles y militares, junto con más de treinta mil toneladas de suministros. El puerto tardó tres meses en volver a estar plena-

---

95 En la mañana del 7 de diciembre de 1941, los japoneses bombardearon por sorpresa el puerto de Oahu, en Hawái, matando a más de dos mil personas y dejando fuera de combate a la Flota del Pacífico de los Estados Unidos. El ataque precipitó la entrada de la gran nación americana en la Segunda Guerra Mundial.

96 El mariscal Albert Conrad Kesselring (1885-1960) fue uno de los comandantes más competentes de la Alemania nazi. Apodado Albert el Sonriente, fue condenado a muerte por crímenes de guerra en 1947, pero la pena le fue conmutada.

Albert Kesselring en
una visita a las tropas.

mente operativo y el devastador ataque dificultó la continuación de las operaciones aliadas en Italia durante semanas. No es de extrañar que los Aliados corriesen un tupido velo sobre el asunto, cubriéndolo de un absoluto secreto que solo se desveló en 1959, cuando los americanos desclasificaron los archivos sobre el terrible ataque.

Pero ¿semejante secretismo solo fue una cuestión de orgullo? Por supuesto que no. Uno de los cargueros que se encontraban en el puerto en el momento del ataque, el buque Liberty[97] SS John Harvey, estaba cargado hasta la chimenea con 2000 bombas M47A1 de mostaza sulfurada[98], cada una de las cuales contenía alrededor de treinta kilos de la siniestra sustancia. El motivo por el que los americanos transportaban armas químicas hasta Europa con disimulo nunca ha quedado del todo claro; parece que respondían a una supuesta amenaza de los alemanes de utilizar la guerra química como represalia por la invasión de Italia[99]. Si eso es cierto, los Aliados buscaban disponer de la capacidad inmediata para responder con la misma moneda.

Sea como fuere, el John Harvey estalló, matando instantáneamente a todos sus tripulantes y expandiendo un desagradable olor a ajo. Al mismo tiempo, decenas de toneladas de mostaza sulfurada se difundían por el aire y por el agua, haciendo que tanto la piel como las mucosas de muchos heridos quedasen expuestas a la tóxica sustancia. Ante el desconocimiento de la presencia del agente vesicante y la avalancha de heridos graves, a nadie se le ocurrió lavar y cambiar de ropa al resto de los soldados, lo que empeoró las consecuencias de la intoxicación. A la mañana

---

97 Los buques Liberty eran un tipo de carguero de construcción barata del que se construyeron más de 2700 unidades durante la guerra. Se convirtieron en un símbolo del poder industrial de EE.UU.

98 Más conocida como «gas mostaza», la mostaza sulfurada (bis (2-cloroetil)sulfano) es un agente vesicante líquido, incoloro y viscoso que se dispersa en forma de aerosol y ocasiona ampollas en la piel y las membranas mucosas. Fue utilizada por primera vez en combate en julio de 1917, durante la tercera batalla de Ypres.

99 Por extraño que pueda parecer, y aunque a Hitler no le importaba lo más mínimo gasear a la gente en los campos de concentración, siempre fue reticente al empleo de armas químicas en el campo de batalla, quizá por temor a que los Aliados también las usasen contra el pueblo alemán.

El buque Liberty SS John Harvey.

siguiente, soldados y civiles, menos graves en un principio e incluso aparentemente sanos, comenzaron a desarrollar ceguera y ampollas en la piel. Muchos heridos empeoraron, desarrollando apatía, estupor y serios problemas respiratorios que en algunos casos desembocaron en la muerte. En las primeras 48 horas fallecieron 14 personas y más de seiscientas se vieron afectadas por los misteriosos síntomas. En el transcurso de un mes, el número de víctimas mortales consecuencia de la misteriosa enfermedad ascendía a 83.

Varios de los médicos que trabajaban en Bari sospechaban que algún tipo de sustancia tóxica, tal vez lanzada por los alemanes, andaba detrás del asunto. Los mandos aliados, por su parte, no dijeron ni pío. No fuera a ser que el enemigo se enterase de que en el puerto había gas mostaza, por no hablar del peligro para la moral de la tropa de que se enterasen de que muchos de ellos habían sido literalmente envenenados con una de sus propias armas. La falta de información en las primeras horas fue clave para aumentar el número de bajas, pero el secreto prevaleció. Los médicos, sin embargo, alertaron a las autoridades militares sanitarias, que enviaron a un experto en guerra química, el teniente coronel Stewart F. Alexander. Este no tardó en identificar la presencia de la mostaza y, tras una serie de pesquisas, encontró de dónde procedía. Alexander notificó sus hallazgos a los hospitales militares, salvando con ello decenas de vidas. Más tarde escribió un informe que llegó a manos de varios especialistas. Entre ellos se encontraba el coronel médico Cornelius P. Rhoads, jefe de medicina en la División de Armas Químicas del Ejército de EE.UU.

Cornelius P. Rhoads [NIH].

Cornelius Rhoads era un competente médico estadounidense especialista en desórdenes hematológicos con un pasado algo conflictivo. Mientras trabajaba en el Hospital Presbiteriano de San Juan de Puerto Rico a principios de los años treinta, una noche se encontró su coche dañado cuando volvía de una fiesta. Probablemente algo afectado por la bebida, no se le ocurrió otra cosa para desahogarse que escribir una carta incendiaria en la que ponía a caldo a los puertorriqueños, abogando por su exterminación e incluso confesando haber matado personalmente a 8 y haberles «trasplantado cáncer» a 7 más. También decía que los médicos disfrutaban de abusar y torturar a los lugareños.

Aunque nunca llegó a enviar la carta, el contenido se filtró, generando un buen escándalo que llegó hasta la Sociedad de Naciones y el Vaticano. El trabajo de Rhoads en Puerto Rico fue investigado detenidamente, llegándose a la conclusión de que nunca hubo irregularidades y de que la carta era sencillamente una especie de broma estúpida, completamente fuera de lugar. Sin embargo, a pesar de la campaña de blanqueamiento que llevaron a cabo tanto la Fundación Rockefeller, para la que trabajaba, como la prensa de Estados Unidos, Rhoads nunca pudo librarse del todo de una cierta reputación de racista. Sobre todo, porque su posterior trabajo para la División de Armas Químicas durante la guerra incluyó experimentos secretos con miles de soldados, muchos de los cuales eran afroamericanos, puertorriqueños o japoneses, que sufrieron diversas secuelas[100].

Sin embargo, Rhoads era un médico excelente. Llevaba años interesado en posibles fármacos que pudieran combatir el cáncer de manera que, cuando leyó el informe preliminar de Alexander, enseguida reparó en los daños en el sistema linfático y la médula ósea de los afectados. En concreto, el recuento de leucocitos casi bajaba a cero. En el informe, Alexander teorizaba que, dado que el gas mostaza casi detuvo la división de ciertos tipos de células somáticas cuya naturaleza era dividirse rápidamente, también

---

100 El Gobierno americano siempre estuvo muy agradecido a Rhodes, a quien le otorgó la Legión al Mérito por «combatir el gas venenoso y otros avances en la guerra química».

podría usarse para ayudar a suprimir la división de las células cancerosas. ¡Para Rhoads esta era la prueba definitiva de que la mostaza podía convertirse en el largamente buscado tratamiento para determinados tipos de linfomas y de leucemia!

La idea no era novedosa, ya que desde al menos 1919 se había descrito el descenso abrupto de leucocitos en los soldados de la Gran Guerra víctimas del gas, y desde 1929 se sabía que el tóxico inhibía la proliferación celular al menos en algunos tumores en animales. En 1942, un año antes del desastre de Bari, un equipo investigador de la Universidad de Yale, que trabajaba para el Gobierno en el desarrollo de antídotos, descubrió que, sustituyendo el átomo de azufre por uno de nitrógeno, las nuevas mostazas «nitrogenadas» eran mucho más seguras de manipular. Sospechando que podían tener un efecto anticanceroso que tal vez compensara los riesgos, realizaron un ensayo experimental con mustina (clormetina) en un paciente terminal afectado de linfoma. Aunque el paciente terminó falleciendo, el resultado fue prometedor, así que algunos hospitales comenzaron tratamientos de este tipo.

Pero ahora Rhoads se acababa de encontrar con una especie de gigantesco ensayo clínico *in situ* con centenares de personas. Por ello, decidió que los datos obtenidos del puerto de Bari no dejaban lugar a dudas acerca del potencial de las mostazas como agentes terapéuticos que podían combatir los tumores. Así, a su regreso a EE.UU., se puso junto con otros colegas manos a la obra. A partir de 1945, se escribieron cientos de artículos científicos acerca del efecto de las mostazas nitrogenadas en los linfomas y en la leucemia, abriendo la puerta al advenimiento de la moderna quimioterapia[101]. De modo sorprendente, las siniestras moléculas responsables de miles de muertos e incontables intoxicados durante la Primera Guerra Mundial habían encontrado una segunda vida como fármacos innovadores, simplemente intercambiando azufre por nitrógeno.

---

101 Tras el descubrimiento del papel de los ácidos nucleicos, las investigaciones han mostrado que las mostazas nitrogenadas actúan como agentes alquilantes del ADN, formando enlaces cruzados entre sus cadenas. Estos enlaces impiden la replicación del ADN y, por tanto, la división celular.

¿Y qué fue de los damnificados de Bari? En 1986, el Gobierno británico —que había sido responsable de gran parte del encubrimiento— admitió su culpa ante los supervivientes expuestos al gas venenoso y modificó la cuantía de sus pensiones. En cuanto a los protagonistas, Alexander recibió reconocimiento público por parte del Cirujano General del Ejército de EEUU, mientras que Rhoads continuó con su brillante carrera, alejado de sus pecados de juventud que le hicieron insultar a los puertorriqueños y experimentar con las vidas de miles de sus compatriotas. O eso pensaba él porque al final el pasado siempre acaba por encontrarte. En 2003, como consecuencia de la controversia, la Asociación Estadounidense para la Investigación del Cáncer le retiró el premio que en su memoria había instituido de forma póstuma en 1979.

¿Y las mostazas se siguen empleando contra el cáncer? Pues sí, en concreto la clormetina (también llamada mecloretamina) se emplea combinada con otros medicamentos para el tratamiento de los linfomas de Hodgkin y no Hodgkin, así como para terapia paliativa en algunos casos de cáncer de pulmón y de mama. Sin embargo, es un medicamento peligroso cuyo suministro requiere todo tipo de precauciones. Sus efectos secundarios, como no podía ser de otra manera, incluyen la disminución del recuento de células sanguíneas, alopecia, náuseas y vómitos.

Poca cosa comparada con los efectos de su progenitor, el siniestro gas mostaza. Y si no, que se lo digan a los intoxicados del puerto de Bari en aquel bombardeo ocultado por los militares para tapar sus vergüenzas.

LOS INSECTICIDAS DE LA MUERTE

El 20 de marzo de 1995, los informativos de todo el mundo abrían con una terrible noticia: en el transcurso de la hora punta, cinco ataques terroristas coordinados en tres líneas diferentes del metro de Tokio habían provocado 13 muertos y 50 heridos graves, además de cientos de casos de intoxicación más leve. Los responsables eran miembros de la extraña secta Aum Shinrikyō («la verdad suprema»), que habían liberado en los vagones un compuesto muy tóxico, entonces poco conocido por el gran público, el sarín. El incidente, el más grave ataque terrorista sufrido por Japón en toda su historia, puso temporalmente en la diana a los organofosforados, probablemente las sustancias más temibles del planeta, con permiso de las armas nucleares.

Su historia comienza allá por 1936, en la ciudad alemana de Leverkusen, cuando el equipo de investigadores del químico Gerhard Schrader, que andaba buscando nuevos insecticidas con la esperanza de combatir el hambre, descubrió por casualidad el tabún, el primer miembro de la familia más peligrosa de compuestos químicos que el mundo haya conocido. No es, ni mucho menos, la primera vez que el propósito más que loable de un equipo de científicos da como resultado una auténtica pesadilla, pues ya se sabe que los militares están a la que salta a la hora de buscar ventajas competitivas, que a menudo suelen encontrar en los laboratorios. En el caso que nos ocupa, los nazis no fueron una excepción.

Gerhard Schrader, químico alemán que descubrió los primeros agentes nerviosos mientras investigaba nuevos insecticidas [NIH].

El tabún[102] es un líquido claro, incoloro e insípido con un ligero olor a frutas. Como todos los agentes nerviosos que le siguieron, es parecido a los modernos insecticidas organofosforados. Su *modus operandi* consiste en inhibir la acción de la acetilcolinesterasa, la enzima que se encarga de procesar la acetilcolina[103], un neurotransmisor fundamental para el impulso nervioso. Al no poder eliminarse la acetilcolina, las contracciones musculares no pueden detenerse. Una persona intoxicada con un agente nervioso, ya sea a través de la piel o por inhalación de los vapores, queda condenada casi de inmediato. A los espasmos, convulsiones, dolor abdominal y descontrol de los esfínteres les sigue la muerte por asfixia o por paro cardíaco en cuestión de minutos. Es una muerte espantosa.

Los alemanes tenían una larga tradición en la fabricación de armas químicas, sobre todo desde la Primera Guerra Mundial, pero el tratado de Versalles había supuesto la confiscación de muchas patentes de su industria, lo que la había puesto contra las cuerdas. Para remediarlo, en 1925 se creó una enorme corporación de nombre IG Farben[104] en la que se incluían poderosas empresas como BASF, Bayer, Hoechst o AGFA, entre otras. A estas empresas fueron a parar la mayoría de los grandes químicos alemanes, entre ellos Schrader y su equipo.

Cuando los nazis llegaron al poder, IG Farben se puso rápidamente a su entera disposición, no en vano había estrechado lazos con el partido y financiado gran parte de la campaña de Hitler en 1933. La corporación se hizo extremadamente influyente, constituyendo casi un Estado dentro del Estado y adoptando la ideología extremista como su nuevo mantra. Todo ello supuso un espaldarazo para la investigación de nuevos agentes nerviosos, en los cuales los nuevos amos de Alemania estaban francamente interesados. El potencial para la guerra química del tabún había sido descu-

---

102 Etil N,N-dimetilfosforamidocianato. Su código OTAN es GA.
103 La acetilcolinesterasa hidroliza la acetilcolina, dando como productos colina y ácido acético (sí, vinagre).
104 Interessen-Gemeinschaft Farbenindustrie Aktiengesellschaft en alemán, en el original.

bierto casi por casualidad, pero a partir de él la investigación dio como consecuencia el rápido desarrollo del resto de los miembros de la llamada familia G (por el nombre inglés de Alemania): el sarín (GB) en 1939, el somán (GD) en 1944 y el ciclosarín (GF) en 1949. Por supuesto, los desalmados nazis se encargaron de probar los efectos de estas simpáticas sustancias utilizando para ello prisioneros de los campos de concentración.

Hitler estaba fascinado. ¿Y si los agentes nerviosos pudiesen darle la victoria frente a los Aliados? Convencido de ello, ordenó la producción a escala industrial del tabún, que comenzó a fabricarse a destajo a partir de 1940, ya con el Tercer Reich metido de lleno en la Segunda Guerra Mundial. Por razones técnicas, la producción en masa del sarín se retrasó hasta 1943. Hasta el final de la guerra se habían producido en total unas 12 000 toneladas de tabún y 600 de sarín[105], una cantidad suficiente como para arrasar medio planeta. Por fortuna, los nazis nunca llegaron a utilizar los agentes nerviosos, aunque Hitler estuvo tentado de hacerlo después de la batalla de Stalingrado y del desembarco en Normandía. El motivo que evitó la catástrofe no fue por humanidad —el Führer carecía de ella—, sino el temor a que los Aliados también hubiesen desarrollado los agentes nerviosos y los utilizasen contra las ciudades alemanas a modo de represalia. Lo que los científicos germanos no sabían era que sus enemigos no habían dado todavía con estas sustancias, de modo que fue el miedo y no la compasión lo que salvó al mundo libre de una tragedia.

Curiosamente, la primera persona del planeta que pudo convertirse en víctima de los organofosforados fue el propio Adolf Hitler. En sus memorias, Albert Speer, el famoso arquitecto de Hitler, que fue ministro de armamento del Reich, narra cómo en 1945 participó en un intento de asesinato del Führer en el que los conspiradores planearon introducir una cierta cantidad de tabún

---

105 El somán (3,3-Dimetilbutan-2-il metilfosfonofluoridato) no fue sintetizado hasta 1944, a partir de los estudios de la interacción de la vitamina B1 en el metabolismo del cerebro. Demostró ser más potente y eficaz que el tabún o el sarín, pero solo llegaron a fabricarse unos setecientos kilos.

a través de uno de los respiraderos del búnker del dictador nazi en Berlín. Según Speer, el proyecto fracasó porque los respiraderos fueron alterados, ya fuese casualmente o por una filtración.

Al terminar la contienda, uno podría pensar que los científicos y directivos de IG Farben iban a responder por su implicación en crímenes de guerra con largas condenas, pero las penas fueron leves y en muchos casos fueron conmutadas a cambio, por supuesto, de su colaboración con los Aliados. Estos iban bastante retrasados en el desarrollo de los agentes nerviosos, pero con la ayuda de sus viejos enemigos pronto se pusieron al día. Sin embargo, fue una vez más buscando insecticidas eficaces cuando, en los años 50, los científicos ingleses dieron con la siguiente generación de agentes nerviosos, los componentes de la serie V,

el más famoso de los cuales es el VX («agente venenoso X»[106]), quizá la sustancia más mortífera jamás creada por el hombre. En 1954, la compañía ICI (Imperial Chemical Industries) lanzó al mercado el amitón, un insecticida que rápidamente tuvo que ser retirado debido a su toxicidad. Alertados por la noticia, los militares pusieron manos a la obra, dando como resultado el desarrollo de un puñado de sustancias más peligrosas si cabe que sus predecesores, los agentes G. El VX, en concreto, es otro líquido de color ámbar, inodoro e insípido, que resulta terriblemente tóxico. Tanto es así que la exposición por inhalación o contacto con la piel a tan solo 10 miligramos de la sustancia equivale a una sentencia de muerte. Su utilización conocida más reciente ha sido en 2017, cuando fue empleado para asesinar a Kim Jong Nam, hermano del presidente norcoreano Kim Jong Un, en el aeropuerto internacional de Kuala Lumpur, donde dos mujeres se lo tiraron a la cara. Murió en menos de quince minutos de camino al hospital.

Los rusos, por su parte, empezaron a desarrollar sus propios agentes nerviosos bastante más tarde, pero a partir de 1970 iniciaron un programa destinado a fabricar organofosforados que resul-

---

106 El VX fue inmortalizado en la película de 1996 *La roca*, protagonizada por Sean Connery y Nicolas Cage, en la que un grupo de terroristas intenta llevar a cabo un atentado en San Francisco.

Planta piloto para la destrucción de armas químicas en el complejo de Blue Grass, fotografiada en 2022. Estas instalaciones se emplean para neutralizar y eliminar de forma controlada antiguos arsenales de agentes nerviosos y otros compuestos tóxicos acumulados

durante el siglo XX. El proceso requiere sistemas cerrados, altas temperaturas y tratamientos químicos que permitan descomponer las sustancias peligrosas sin liberarlas al medio ambiente [Blue Grass Chemical Stockpile Outreach Office].

taran indetectables para los equipos de detección y protección de la OTAN. El resultado fue el misterioso grupo de sustancias conocidas como agentes Novichok, comparables —si no superiores— a la serie V, que, al menos desde los años 90, se han utilizado para asesinar a opositores del régimen, en algunos casos fuera de la madre patria[107].

Sin embargo, a pesar de todos estos desarrollos, el más usado de todos los agentes nerviosos a lo largo de las últimas décadas sigue siendo el sarín, el infame organofosforado inventado por los nazis. Ochenta veces más letal que el cianuro, además de por los miembros de la secta de la verdad suprema, el viejo asesino ha sido utilizado por el dictador chileno Pinochet, por el sátrapa de Irak Saddam Hussein y más recientemente por el dictador sirio Bashar al-Asad, en la mayoría de los casos contra opositores políticos o contra la población civil. Al margen de ello, el sarín ha sido habitual en el equipamiento de los arsenales químicos de las superpotencias hasta hace relativamente poco.

¿Existen antídotos contra los temibles organofosforados? Sin duda, aunque su efectividad depende mucho de las dosis y el momento en el que se suministran. El más conocido es la atropina, un alcaloide obtenido de la belladona y utilizado desde la antigüedad como veneno, pero que, en el caso de intoxicación por agentes nerviosos, evita la muerte por asfixia porque dentro del organismo compite con la acetilcolina y, por tanto, entre otros efectos relaja la musculatura lisa. A veces se la suministra junto con pralidoxima, un compuesto que se une a la acetilcolinesterasa inactivada por los organofosforados, y con diazepam, una benzodiacepina con propiedades relajantes y anticonvulsivas. En el caso del somán, también se puede utilizar el bromuro de piridostigmina —de hecho, fue empleado por el ejército de Estados Unidos durante la guerra del Golfo— dada su capacidad para incrementar la dosis a la que resulta letal el agente nervioso. Sin embargo, solo es efec-

---

107 El envenenamiento en mayo de 2018 del agente doble Serguéi Skripal y de su hija Yulia en Salisbury, en el Reino Unido, provocó un serio incidente diplomático entre el Gobierno británico y el de Vladimir Putin.

tivo si se administra antes del envenenamiento en combinación con la atropina y la pralidoxima. También se está investigando el suministro directo de acetilcolinesterasa y butirilcolinesterasa para combatir los efectos de las peligrosas sustancias.

Los venenos organofosforados constituyen una prueba impresionante de lo parecidas que son, después de todo, la bioquímica de los insectos y la de los humanos; no en vano compartimos con nuestros pequeños vecinos la mayor parte del genoma, por sorprendente que pueda parecer. Convertidos en terribles asesinos, los agentes nerviosos son considerados en todo el planeta como armas de destrucción masiva y están prohibidos en todas partes[108], aunque se sospecha o se tiene la certeza de que muchos Gobiernos los siguen produciendo y almacenando en secreto. Aunque no son especialmente fáciles de fabricar, y mucho menos de manipular, estas sustancias son la pesadilla de los servicios de inteligencia y seguridad de todo el mundo, ya que sus componentes básicos se encuentran disponibles a nivel comercial.

No es fácil que se repitan de forma habitual atentados como el del metro de Tokio, pero el mundo no debería bajar la guardia. Los insecticidas de la muerte están ahí y el conocimiento científico para fabricarlos también. Son una tentación para todos los gobernantes totalitarios y grupos terroristas que desgraciadamente pululan por el planeta. Son una muestra de los descarnados y absurdos esfuerzos que hacemos los humanos para desarrollar herramientas que nos ayuden a morir.

---

108 Gracias a los acuerdos internacionales, y más en concreto a la Convención sobre Armas Químicas de 1993, las grandes potencias han destruido teóricamente sus antaño imponentes arsenales químicos con los que llegaron a equipar cientos de mortíferos proyectiles.

LA CATÁSTROFE DE LA TALIDOMIDA

Aquella fría mañana del 26 de noviembre de 1961, los repartido-
res de periódico de Hamburgo se disponían a distribuir los ejemplares de *Die Welt*, acompañados como todas las semanas de su
suplemento dominical, el popular *Welt am Sonntag*. En las cafete-
rías de la ciudad hanseática, los lectores al ojearlo se toparon con
un artículo, aparentemente uno más, que supondría el pistoletazo
de salida para uno de los mayores escándalos de la historia de
la medicina. El encabezamiento rezaba así: «¿Defectos congéni-
tos causados por pastillas? La alarmante sospecha de un médico
sobre un medicamento ampliamente utilizado».

El médico era el Dr. Widukind Lenz, un distinguido jefe de
pediatra local, que llevaba meses tras la pista de unos extraños
casos de malformaciones en bebés que nacían con las extremidades cortas o ausentes (focomelia), además de rarísimos defectos
en los oídos, los ojos y los órganos internos. La frecuencia natural
de la focomelia era de 1 o 2 casos por cada millón de habitantes,
pero recientemente la cifra se había multiplicado. Algo raro estaba
sucediendo, y Lenz, que —si bien fue médico de la Luftwaffe y
miembro de las SA de Hitler[109]— era competente y buena persona, se propuso descubrir de qué se trataba. Puesto manos a la
obra junto con su colega de la Clínica Universitaria de Hamburgo,
el español Claus Knapp, el avispado pediatra entrevistó a varias

---

109 El padre de Lenz, Fritz, fue un influyente genetista partidario de la higiene racial y de
la eugenesia, cuyas teorías ayudaron a proporcionar un supuesto soporte científico a la
despiadada ideología nazi.

madres de los bebés afectados y descubrió algo sospechoso: todas habían consumido un fármaco llamado Contergan entre la cuarta y la séptima semana del embarazo. Dicho periodo es crítico en la formación de órganos y miembros en el embrión. Puesto en contacto con colegas de otras ciudades alemanas, Lenz comprobó la existencia de otros casos donde en todos ellos también las madres habían consumido el Contergan.

Una vez obtenida la evidencia, entre los días 16 y 17 de noviembre de 1961, el antiguo médico nazi se movió como una flecha, alertó a las autoridades, a otros colegas y al fabricante del medicamento, la farmacéutica Grünenthal GmbH. Al día siguiente de aparecer el artículo del *Welt am Sonntag*, se retiraba el medicamento de Alemania Occidental. La noticia abrió las portadas de toda la prensa alemana e internacional; en cuestión de semanas, la administración del fármaco quedó suspendida en la mayoría de la veintena de países en los que se comercializaba[110]. La epidemia de malformaciones quedó así cortada de raíz, aunque se estima que hubo entre ocho y doce mil afectados (tres mil quinientos en Alemania), menos de la mitad de los cuales superó el primer año de vida debido a las malformaciones internas.

Además del más que diligente Lenz, hubo otros profesionales que contribuyeron a evitar un desastre de mayores proporciones. En Australia, por ejemplo, el obstetra William McBride ayudó a levantar la liebre con una carta publicada en la prestigiosa revista médica *The Lancet*. Pero quizás fuese la canadiense Frances Oldham Kelsey la mayor heroína de esta historia. Frances era una lumbrera de la farmacología que en 1936 consiguió meter la cabeza en el departamento de dicha especialidad de la Universidad de Chicago, para ello ocultó en su solicitud el hecho de que era mujer. Como era una profesional estupenda, consiguió que la aceptaran

---

110 En España, el régimen de Franco no retiró la talidomida hasta 1965, principalmente debido al aislamiento internacional, el rudimentario sistema de control sanitario y la falta de voluntad política.

y, como miembro del grupo, participó entre otros proyectos en el esclarecimiento del famoso escándalo del elixir sulfanilamida[111]. Interesada por los teratógenos, en 1960 fue contratada por la FDA, donde una de sus primeras tareas fue revisar una solicitud para introducir un análogo del Contergan bajo el nombre comercial de Kevadon en el mercado estadounidense. A pesar de las presiones recibidas, Frances negó la autorización y exigió más estudios, entre ellos el seguimiento de un estudio clínico inglés, aparecido en el *British Medical Journal*, que informaba de un efecto secundario importante del fármaco sobre el sistema nervioso. Cuando meses después estalló el escándalo, resultó evidente que la farmacóloga canadiense acababa de salvar a los Estados Unidos de miles de casos de malformaciones.

Pero ¿cuál era la composición del trágico fármaco y para qué se supone que servía? El principio activo del Contergan, la talidomida, es un compuesto orgánico desarrollado en Suiza a principios de los cincuenta y comercializado por Grünenthal a partir de 1957; se usaba como sedante y como calmante de las náuseas típicas del embarazo en los primeros meses de gestación. Aunque los protocolos de seguridad de los medicamentos eran mucho menos estrictos que ahora, el fármaco había pasado todas las pruebas de toxicidad habituales, incluidos ensayos con animales de laboratorio, y se le consideraba seguro. De hecho, se dispensaba en las farmacias sin receta. Sin embargo, aunque sus efectos secundarios en adultos eran bastante limitados, la talidomida interfería seriamente en el desarrollo embrionario: impedía la formación de vasos sanguíneos en medio del proceso de crecimiento de las extremidades, dañaba las células madre embrionarias e interfería en la actividad de proteínas clave[112].

---

111 El elixir sulfanilamida era un preparado a base de sulfamidas que llevaba dietilenglicol como disolvente y que ocasionó por lo menos cien muertes por envenenamiento en 1937. El caso llevó al Congreso a aprobar la Ley Federal de Alimentos, Medicamentos y Cosméticos de 1938, en la que se exigía a las farmacéuticas llevar a cabo ensayos clínicos con animales antes de comercializar un medicamento.

112 Los efectos teratogénicos del medicamento también podían afectar al embrión si el que lo tomaba era el padre, ya que llegaba al ovocito fecundado a través del esperma.

El pediatra
Widukind Lenz.

¿Cómo es posible que nadie se diera cuenta de esto? Por desgracia, los animales de laboratorio empleados durante las pruebas eran principalmente roedores, que experimentan mucho menos los efectos nocivos de la talidomida. Si se hubiesen utilizado chimpancés, por ejemplo, otro gallo habría cantado. Pero, fundamentalmente, la causa última de la toxicidad del medicamento se encuentra en el corazón mismo de su estructura molecular. Debido a que se trata de una molécula con quiralidad[113], existen dos formas de talidomida que son imágenes especulares la una de la otra, como si de la mano izquierda y la derecha se tratase. ¡Pues bien, mientras que la R-talidomida posee los beneficiosos efectos sedantes recogidos en el prospecto del Contergan, la S-talidomida es un terrible agente teratogénico! ¡La aparentemente insignificante diferencia de geometría tridimensional hace que la «versión S» de la molécula interfiera específicamente con proteínas vitales, mientras que su imagen especular, que presenta una orientación diferente, no lo hace[114]!

---

113 En química, la quiralidad se asocia a la presencia de átomos de carbono ligados a cuatro grupos diferentes (carbonos asimétricos), lo que da lugar a dos configuraciones espaciales distintas llamadas enantiómeros.

114 Esto no es nada raro. Los sistemas enzimáticos de un organismo vivo son extraordinariamente específicos y pueden diferenciar perfectamente este tipo de diferencias en la geometría de las moléculas. Por ejemplo, la mayor parte de los aminoácidos de los seres vivos están en la forma L (levógira, que rota la luz polarizada en el sentido contrario al de las agujas del reloj), mientras que los de la forma D (dextrógira) se utilizan con muchísima menos frecuencia.

Entonces, dirán ustedes: «es tan fácil como separar ambas versiones de la talidomida y usar la buena, ¿no?». Ojalá. Pero resulta que, al ser tan parecidas, ambas formas se intercambian la una por la otra de forma espontánea (dicho de otro modo, la energía necesaria para cambiar la rotación de la molécula es mínima), por lo que su mezcla es habitualmente un racémico (mezcla al 50 % de las dos imágenes especulares) y, lo que es peor, en el interior del cuerpo hacen exactamente lo mismo.

Como nunca hay mal que por bien no venga, la catástrofe de la talidomida desencadenó en los años que siguieron toda una serie de medidas para mejorar el control de los medicamentos que transformaron literalmente la farmacología moderna. Por ejemplo, se empezaron a exigir a las farmacéuticas ensayos clínicos por fases, mucho más exhaustivos, antes de autorizar un fármaco. Se aprobaron regulaciones específicas para proteger el embarazo y se crearon o reforzaron agencias reguladoras y sistemas de farmacovigilancia. Además, muchos países obligaron a las empresas del ramo a contratar seguros y asumir responsabilidad civil por daños. Así que, después de todo, puede que al final la talidomida contribuyese a salvar más vidas de las que segó en los años sesenta.

Pero ¿qué fue de los protagonistas de esta historia? Widukind Lenz continuó su brillante carrera en Alemania y falleció en 1995 con el reconocimiento universal por su excelente trabajo detectivesco de 1961, mientras McBride tuvo unos cuantos problemas con la industria farmacéutica, que le llevó a juicio años más tarde acusado de fraude y manía persecutoria. En cuanto a Frances Kelsey, se convirtió en heroína de la noche a la mañana, recibiendo multitud de honores en los Estados Unidos, entre ellos el President's Award for Distinguished Federal Civilian Service, máximo galardón honorífico concedido por el Gobierno federal a un empleado no militar, que le fue entregado por el presidente Kennedy en persona. Por su parte, la FDA, para la que trabajó durante 45 años, otorgó su nombre en 2005 a uno de sus premios anuales. Frances falleció en su tierra de nacimiento en 2015, a la edad de 101 años, menos de 24 horas después de que el Gobierno de Ontario le entregase la insignia de miembro de la Orden de Canadá por su hazaña de 1961.

¿Y la dichosa talidomida? Por extraño que pueda parecer, su capacidad para inhibir el crecimiento de los vasos sanguíneos la convierte en un medicamento formidable contra el mieloma múltiple, un tipo de cáncer de la médula ósea, así como contra muchas afecciones de la piel, incluidas las lesiones producidas por la lepra. Por este último motivo, la Organización Mundial de la Salud promueve su empleo en algunos países. Por supuesto, dado su oscuro pasado, las condiciones para su empleo son draconianas e incluyen, entre otras cosas, que las consumidoras en edad fértil deban usar al menos dos métodos anticonceptivos fiables y se sometan a frecuentes pruebas de embarazo. Además, solo los hospitales autorizados pueden dispensarla.

Es lo que tiene ser un taimado asesino con un diabólico currículum detrás. Casi nadie vuelve a confiar en ti, aunque sirvas para combatir el cáncer y hayas ayudado a cambiar la historia de la medicina de la mano de un redimido médico nazi y de una supervisora de medicamentos de lo más meticulosa.

EL CASO DEL ZOMBI QUE RESUCITÓ

Un día como otro cualquiera en la histórica aldea de L'Estere[115], en Haití, Angelina Narcisse deambulaba por el mercado local cuando fue abordada por un desconocido. Al fijarse en él, a la pobre campesina casi le da un síncope. Delante de ella, más allá de toda duda, estaba su hermano... al que vio enterrar con sus propios ojos hacía 18 años. Conmocionada y a punto de desmayarse, escuchó cómo su hermano se presentaba con un apodo de la infancia que solo la familia conocía y cómo, a continuación, pasaba a relatarle una extraña historia que pronto alcanzaría repercusión internacional. Y no porque los relatos de zombis fuesen raros en Haití, que no lo eran, sino porque, en el caso del hermano de Angelina, ¡había incluso un acta de defunción!

A sus cuarenta años, Clairvius Narcisse había ingresado en el hospital Albert Schweitzer de Deschapelles el 30 de abril de 1962, con síntomas que incluían hipotensión severa, hipotermia, fiebre alta y edema pulmonar. El hombre escupía sangre y los doctores no encontraban una explicación. A pesar de los cuidados, no cesó de empeorar, falleciendo dos días después. Los médicos estadounidenses que le atendieron certificaron su defunción con fecha 2 de mayo, su hermana mayor identificó oficialmente el cadáver y el entierro tuvo lugar al día siguiente. Sin embargo, 18 años después, el renacido Clairvius tenía algo que contar.

---

115 Allí tuvo lugar en 1803 la importante batalla de Ravine à Couleuvres, durante la Revolución haitiana.

Francina Illeus (izquierda) y Clairvius Narcisse (derecha) [Clarín].

De acuerdo con su relato, Narcisse recordaba haberse mantenido consciente todo el tiempo, aunque durante las últimas fases de su descenso a los infiernos no era capaz de mover un músculo. Sentía cómo su piel ardía, escuchó a Angelina llorar mientras lo declaraban muerto, incluso sintió cómo el lienzo cubría su rostro. También recordaba cómo clavaban el féretro, cómo uno de los clavos le arañaba la cara, cómo le enterraban y todo se cubría de silencio. No supo cuánto tiempo estuvo así, pero de repente unos hombres liderados por un *bokor* lo sacaron de la tumba y le suministraron una especie de pasta que lo mantuvo en un extraño estado mental mezcla de ensoñación, ausencia de voluntad propia y consciencia alterada, en la que percibía los sucesos como si se produjesen a cámara lenta. Bajo ese estado había sido llevado a trabajar como esclavo en una plantación en la que se encontraban otras personas en su misma situación. Allí permanecería dos años trabajando de sol a sol, según él completamente grogui, hasta que durante un incidente de insubordinación uno de sus compañeros asesinó al *bokor*, haciendo que todos los *zombis* escaparan. Una vez libre, comenzó a recuperar el pleno control de sus facultades y pasó los siguientes 16 años vagabundeando hasta que, finalmente, se decidió a acercarse a la aldea donde vivía su familia.

Cuestionado acerca de por qué había tardado tanto, contestó que había esperado a que muriese un hermano suyo, a quien creía culpable de lo sucedido[116].

Pero ¿qué demonios es un *bokor*? Según el vudú haitiano, esa práctica religiosa mezcla de cristianismo y religión animista importada del África occidental, se trata de un sacerdote (*houngan*) corrompido por las fuerzas del mal, un brujo con el poder suficiente como para robar el alma de sus víctimas, convirtiéndolas en esclavos carentes de voluntad[117]. De acuerdo con esto, lo sucedido no habría sido más que uno de los muchos casos de «zombificación» atribuidos a la práctica del vudú por parte de la cultura local.

Pero lo que hacía único el caso de Narcisse era la presencia, por primera vez en la historia, de documentación altamente fiable, incluyendo un certificado médico de defunción y varios testigos del enterramiento. Por supuesto, nadie creía en una verdadera resurrección, ya que, al menos en su concepción original haitiana, la idea del zombi no era exactamente la de un muerto viviente[118], sino más bien la de un esclavo vivo carente de voluntad propia, sometido a una especie de sugestión hipnótica. Pero la pregunta inmediata era, ¿qué sustancia o circunstancias habrían provocado la enigmática experiencia del infortunado campesino?

Esa pregunta se la hicieron un buen número de investigadores. Era evidente que Narcisse no mentía, no solo por lo que decía su familia, sino porque el engaño hubiese sido muy difícil de perpetrar y porque convertirse en zombi en Haití no conlleva ven-

---

116 Según diferentes versiones, Narcisse habría sido acusado de no hacerse cargo de los hijos que tuvo con varias mujeres y de no haber cedido unas tierras a su hermano, que se encontraba en dificultades económicas. Según esto, la «zombificación» del bueno de Clairvius habría sido un simple caso de venganza, solo que al estilo vudú.

117 El vudú haitiano surgió por la mezcolanza del cristianismo con las viejas religiones animistas, que predominaban en el golfo de Guinea, cuando los traficantes de esclavos se llevaron al Caribe a cientos de miles de personas para trabajar de balde en las plantaciones. De acuerdo con la tradición, los sacerdotes de esta nueva religión (los llamados *houngan*) están en contacto con seres sobrenaturales (*loas*), lo que les dota de un inmenso poder.

118 La idea del zombi como muerto viviente surgió en EE.UU. durante la ocupación de Haití a principios del siglo xx y se extendió rápidamente por medio planeta, dando lugar a un fenómeno cultural que ha llegado hasta nuestros días.

El pez globo acumula en sus órganos tetrodotoxina, una neurotoxina extremadamente potente que bloquea los canales de sodio de las células nerviosas y provoca parálisis. A pesar de su peligrosidad, algunas especies se consumen como alimento en Japón, donde su preparación está estrictamente regulada. La toxina no la produce el pez por sí mismo, sino bacterias asociadas a su organismo, lo que convierte a este animal en uno de los ejemplos más conocidos de veneno de origen biológico [Woopics/Shutterstock].

taja social alguna, más bien todo lo contrario. Por otra parte, una droga que redujese la frecuencia cardíaca y la respiración a niveles imperceptibles podría tener múltiples aplicaciones para la medicina. Como consecuencia del interés de varias personalidades e instituciones[119], el joven etnobotánico y antropólogo canadiense Wade Davis, que trabajaba en el Museo Botánico de Harvard, aterrizó en Haití en busca de respuestas.

Y, según él, las encontró. Tras entrevistarse con varios supuestos hechiceros en diversas localidades de la isla, Davis se hizo con algunas muestras del supuesto «polvo zombi». La composición de estas muestras era muy variable, pudiendo incluir cosas tan pintorescas y poco apetecibles como restos de ranas, sapos, serpientes, lagartos y ciempiés, así como polvo de huesos humanos, plantas urticantes o con resinas tóxicas y, en todos los casos, extracto de pez globo. La presencia concomitante de este último puso a Wade sobre la pista: el pez globo[120] contiene en sus tejidos una buena dosis de tetrodotoxina, una de las sustancias más venenosas de la naturaleza, cientos de veces más potente que el cianuro.

La tetrodotoxina es una potente neurotoxina que se adhiere a los canales de sodio de las neuronas, bloqueando el impulso nervioso. Como consecuencia de ello, los músculos dejan de contraerse por falta de estimulación. Con una dosis letal media de 2 µg/kg en caso de inhalación, se trata de la séptima sustancia conocida más tóxica de la naturaleza[121]. Una vez dentro del cuerpo induce malestar, parestesia, cianosis de los labios, trastornos digestivos, edema pulmonar, hipotermia, dificultades respiratorias, hipotensión y parálisis completa hasta el punto de poder provocar la muerte por asfixia. Sin embargo, la persona permanece consciente debido a que la toxina no atraviesa la barrera hematoencefálica.

---

119 Notablemente el psiquiatra haitiano Lamarque Douyon y el prestigioso farmacólogo norteamericano Nathan Kline, que había vivido 30 años en la isla del vudú.

120 El pez globo es la base del *fugu*, el plato japonés es preparado con su carne que solo debe ser cocinado por chefs especialmente entrenados en retirar cuidadosamente las vísceras, que es donde se concentra el veneno. En el país del sol naciente, todos los años hay varias decenas de casos de intoxicaciones por causa del consumo de este plato emblemático.

121 La lista la encabeza la toxina botulínica (¡sí, el bótox!), otra neurotoxina elaborada por la bacteria *Clostridium botulinum* con una dosis letal media todavía menor.

Wade se dio cuenta de que estos síntomas aterradores eran casi idénticos a los que había experimentado Narcisse. Por lo general, los envenenamientos con tetrodotoxina se producen por ingestión (como en el caso del *fugu*), pero los *bokor* a los que entrevistó el antropólogo insistían en que el polvo maldito debía ser espolvoreado en la piel o en una herida. Según esto, las sustancias urticantes contenidas en el polvo zombi harían que la víctima se rascase con fuerza y se hiciese pequeñas heridas que facilitarían la entrada del veneno.

Por descontado, no fue la tetrodotoxina lo único interesante con lo que Davis se topó. Por el contrario, los lugareños le hablaron largo y tendido del estramonio, *Datura stramonium*, una planta conocida en Haití como el «pepino zombi», ya que, por extraño que pueda resultar, está emparentada con cosas tan deliciosas como el tomate, el pimiento o la berenjena. El estramonio, en cambio, es extremadamente tóxico, ya que en su composición (sobre todo en las semillas) se encuentran peligrosos alcaloides como la hiosciamina, la atropina y la escopolamina[122], que pueden provocar un estado de delirio permanente que llega a durar horas e incluso días. Utilizada a lo largo de la historia por innumerables brujos y chamanes, el consumo de *Datura* ocasiona delirio, confusión, psicosis y una amnesia casi completa. En Haití, los *bokor* la suministran integrada en una pasta a base de patata y sirope, lo cual encaja bastante con lo relatado por el pobre Narcisse y explicaría el permanente estado de ensoñación que experimentó durante su *resurrección* y cautiverio.

Las conclusiones de Davis siempre han sido objeto de una intensa polémica, ya que otros investigadores apenas han encontrado rastros de tetrodotoxina en muestras de polvo zombi, además de que algunas de las prácticas del antropólogo han sido bastante cuestionadas. En realidad, nadie ha visto cómo se fabrica

---

122 Mezclada con depresores del sistema nervioso central, la escopolamina es más conocida como ingrediente principal de la «nueva burundanga», una droga que hoy en día provoca muchas intoxicaciones graves, sobre todo en algunos países de Iberoamérica, donde se la utiliza con fines delictivos.

un zombi en detalle y, en la mayoría de los casos de una supuesta zombificación, nos encontramos simplemente ante trastornos mentales o sugestión. Sin embargo, es obvio que en Haití se trata de una tradición persistente, no en vano ya en 1864 el Gobierno de turno se vio obligado a sancionar, en un artículo del código penal (artículo 246), el envenenamiento con sustancias capaces de provocar «un estado de letargo más o menos prolongado», así como a considerar como asesinato el enterramiento de personas drogadas.

¿Dónde nos deja todo esto? No podemos asegurar que el extraño caso de Narcisse se debiera únicamente a que fuese intoxicado con drogas, pero parece evidente que tanto el estado de catalepsia inducida como la posterior esclavización tuvieron mucho que ver con ellas. Tanto la tetrodotoxina como sobre todo el estramonio son serios candidatos a haberle hecho al hombre pasar por una auténtica pesadilla, aunque puede que otros detalles de lo sucedido tengan que ver con la sugestión o con algún tipo de trastorno de la personalidad. En cualquier caso, está fuera de toda duda que el desdichado Clairvius fue dado por muerto y enterrado, siendo el único caso conocido de un supuesto zombi con toda la documentación en regla.

En 1994, catorce años después de haber aparecido de entre los muertos en el mercado de su ciudad natal, Clairvius Narcisse pasó a mejor vida, esta vez de verdad. Vivió sus últimos años arropado por su familia y contándole, a quien quería escucharle, la aterradora experiencia que atravesó más de treinta años atrás. Internacionalmente famoso durante algún tiempo, se cuenta que vivió una vida virtuosa, muy alejada de sus viejos pecados de juventud. Su caso ha servido de inspiración a toxicólogos de todo el mundo y también a varios guionistas de películas de terror.

Es lo que pasa después de haber resucitado. Siempre habrá alguien que piense que, al menos durante un tiempo, fuiste un zombi de verdad.

UNA TAZA DE TÉ AL POLONIO

La tarde del 1 de noviembre de 2006 podría haber sido una más en la ajetreada vida de Alexander Litvinenko. El antiguo oficial de la FSB[123] era extremadamente crítico con el Gobierno de Vladímir Putin, pues tras un par de estancias en prisión, había escapado años atrás de la madre Rusia para afincarse en el Reino Unido. Litvinenko llevaba un lustro en su país de acogida y dedicaba su tiempo a escribir libros y artículos en los que acusaba a los servicios secretos rusos de todo tipo de fechorías, desde actos terroristas hasta el asesinato de la periodista rusa Anna Politkóvskaya[124].

El valiente Alexander había pasado la mañana de reunión en reunión, primero con dos exoficiales de la KGB en el Pine Bar del Millennium Hotel de Londres y, más tarde, comiendo en un restaurante japonés de Piccadilly con un conocido abogado italiano con el que estuvo discutiendo el asunto de Politkóvskaya. Sin embargo, aquella tarde iba a ser diferente. De repente, empezó a sentirse mal, comenzó a vomitar e ir muy suelto de vientre. ¿Tal vez una gastroenteritis por el *sushi*? Podía ser, pero dos días después no solo no había mejorado, sino que se encontraba peor. Casi sin poder andar, le pidió a su mujer que llamase una ambulancia. Fue hospitalizado en el Barnet Hospital y dos semanas después trasladado al University College Hospital, en el que

---

123 Sucesora de la célebre KGB de la Unión Soviética, el Servicio de Seguridad Federal de la Federación Rusa (FSB) es la principal agencia de seguridad del gran país eslavo.

124 La deriva de Litvinenko hacia la disidencia comenzó en 1998, cuando acusó abiertamente a sus superiores de haberles ordenado a él y a otros agentes de inteligencia el asesinato del magnate Boris Berezovski, famoso opositor al Gobierno.

Anna Politkóvskaya (1958–2006) fue una periodista rusa reconocida por sus investigaciones sobre la guerra de Chechenia y por sus críticas al poder político en Rusia. Trabajó durante años en condiciones de gran presión y sufrió amenazas, detenciones y un intento de envenenamiento antes de ser asesinada en Moscú en 2006. Su muerte tuvo gran repercusión internacional y se convirtió en un símbolo de los riesgos a los que se enfrentan los periodistas que investigan conflictos y abusos de poder [Wikimedia Commons].

fallecería el 23 de noviembre. En sus últimos días, no paró de decirles a los investigadores que estaba convencido de que había sido envenenado.

Y llevaba razón. En un principio, la policía pensó que Litvinenko podía haber ingerido una sal de talio, un pérfido veneno utilizado durante décadas que tarda mucho en dar la cara y cuyos síntomas se confunden a menudo con cualquier otra cosa[125]. Descartado el talio, los test de orina y sangre que se le hicieron al paciente no parecían arrojar nada sospechoso hasta que una pequeña perturbación en una prueba de espectroscopía gamma destinada a

---

125 Una disolución de sales de talio es incolora, inodora e insípida. El talio ha protagonizado algunas de las más rocambolescas historias de envenenamiento a lo largo de los últimos cien años.

detectar venenos radiactivos puso a los especialistas sobre la pista. Los ensayos subsiguientes, con mayores cantidades de orina y aparatos más adecuados, terminaron por delatar al sigiloso asesino, el isótopo del polonio conocido como polonio-210.

El polonio es un elemento químico radiactivo aislado por primera vez por la célebre Marie Curie y su esposo Pierre en 1898, quienes en sus primeros experimentos acerca de la radiactividad descubrieron que el residuo que quedaba tras la purificación del uranio a partir de la pechblenda[126] era 300 veces más radiactivo que este. Eso los llevó inmediatamente a sospechar que el mineral con el que trabajaban contenía algún tipo de elemento desconocido. Por desgracia, hacían falta toneladas de pechblenda para poder aislar el residuo radiactivo en cantidad suficiente como para analizarlo, de modo que los Curie pasaron años removiendo el contenido de un enorme *caldero* con una barra de metal para separar los componentes, obteniendo finalmente unos pocos gramos de dos elementos químicos nuevos y muy radiactivos. Por esta característica, a uno de ellos lo denominaron «radio», mientras que al otro Marie le puso el nombre de «polonio» en honor a su tierra natal, Polonia[127]. Como consecuencia de sus extraordinarios descubrimientos, la genial investigadora fue galardonada por segunda vez con el Premio Nobel[128].

Una vez salido a la luz, el polonio se ha ido ganando una bien merecida fama de elemento tan inútil como peligroso. Para empezar, fue seguramente responsable de la leucemia desarrollada tanto por Curie como por su hija tras décadas de trastear con él. De hecho, se trata de una sustancia tan tóxica que solamente se utiliza como fuente de calor para satélites artificiales y sondas

---

126 La pechblenda es un tipo de uraninita, un mineral integrado mayoritariamente por óxidos de uranio.

127 En aquella época a Polonia se la repartían los Imperios austrohúngaro, alemán y ruso, y Marie pensó que su gesto ayudaría a llamar la atención acerca de la situación de su país. Por supuesto, la maniobra no funcionó. El polonio quedó inmortalizado para siempre como el único elemento químico bautizado en nombre de una causa perdida.

128 A día de hoy, Marie Curie es todavía la única persona que ha recibido dos premios Nobel en dos disciplinas científicas distintas, física y química. El primero se lo otorgaron por el descubrimiento de la radiactividad, en este caso compartido con su marido y con Henri Becquerel.

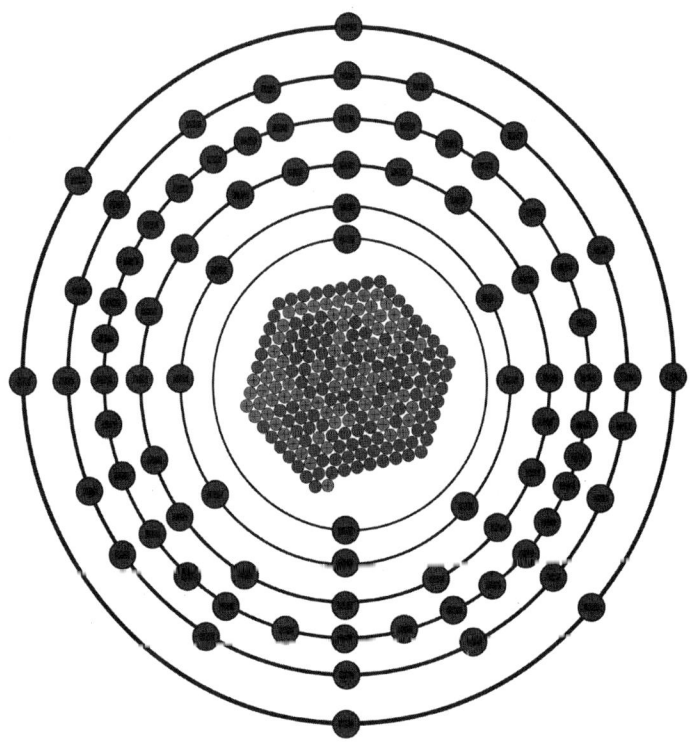

Representación de un átomo de polonio-210, formado por 84 protones, 84 electrones y 126 neutrones. Este isótopo es altamente radiactivo y emite partículas alfa con gran energía, lo que lo convierte en una sustancia muy peligrosa si entra en el organismo. Debido a su enorme toxicidad, pequeñas cantidades pueden resultar mortales, y su uso ha estado asociado tanto a aplicaciones científicas como a casos de envenenamiento que tuvieron gran repercusión internacional [Wikimedia Commons].

espaciales. Aquí, en la Tierra, su único cometido parece ser el de matar gente, ya que creemos que ocasiona miles de casos de cáncer de pulmón al año por causa de su presencia, aunque sea en cantidades ínfimas, en el humo del tabaco y en algunos fertilizantes. Por fortuna, se trata de una sustancia muy rara en la naturaleza, ya que los minerales de uranio apenas contienen unos cien microgramos por tonelada, y la vida media de todos sus isótopos es relativamente corta.Con sus 84 protones, el polonio es un elemento muy pesado e inestable y todos sus isótopos son radiactivos. El polonio-210, en concreto, se desintegra formando plomo y emitiendo por el camino una partícula alfa y, muy de cuando en cuando, algo de radiación gamma[129]. Por eso es tan difícil de detectar por los espectrómetros gamma, siendo mucho más adecuados los alfa. Fuera del cuerpo no es muy peligroso porque las partículas alfa no pueden atravesar la piel, pero si consiguen entrar dentro, se convierten en una de las sustancias más tóxicas conocidas. La radiación alfa ionizante destroza los tejidos al interaccionar con las grandes moléculas biológicas, de modo que un microgramo es suficiente para matar a un adulto. Una vez ingerido, el taimado asesino se concentra en los tejidos blandos y circula por el torrente sanguíneo. Los primeros síntomas incluyen la caída del pelo (por eso se puede confundir con el envenenamiento por talio) y las molestias gastrointestinales. A continuación, se producen daños en los riñones, el hígado, los pulmones y la médula ósea. Después, todo el sistema inmunitario se ve afectado, se paraliza el metabolismo y la muerte se produce por fallo multiorgánico. El polonio-210 es 250 000 veces más tóxico que el cianuro y se estima que un gramo de esta sustancia puede acabar con decenas de millones de personas.

Pero ¿cómo acabó el polonio dentro del disidente ruso? Por extraño que pueda parecer, ni el Gobierno británico ni el esta-

---

129 Las sustancias radiactivas, cuando se desintegran, lo hacen emitiendo tres tipos de radiación: alfa, formada por átomos de helio (partículas alfa); beta, formada por electrones, y gamma, constituida por ondas electromagnéticas de alta frecuencia. Los diferentes tipos de espectrómetros son instrumentos adaptados para detectar los distintos tipos de radiación.

dounidense encontraron en sus archivos ningún antecedente de envenenamiento a propósito con polonio, así que los investigadores se enfrentaban a una primicia. Alexander Litvinenko se había convertido en el primer caso documentado de semejante fechoría. Las primeras pesquisas se dirigieron al restaurante japonés, pero resultó que ni en la mesa donde se había sentado el exespía ni en el otro comensal se encontró apenas rastro de la mortífera sustancia. Entonces, las sospechas pasaron a dirigirse al bar del Millennium, en el que por fin se encontraron trazas del esquivo elemento químico en la tetera en la que le habían servido té verde al infortunado Alexander. Quien fuese, había disuelto en el té una cantidad aparentemente ínfima de unos 10 microgramos de polonio, en realidad unas doscientas veces superior a la dosis media letal[130].

Como es natural, las sospechas recayeron de inmediato en los dos excolegas de la KGB que se reunieron con Litvinenko aquel día y, por consiguiente, en el Gobierno ruso. El polonio-210 no se puede comprar precisamente en una droguería, sino que se produce casi en su totalidad mediante el bombardeo de bismuto con neutrones en un ciclotrón. Además, el único productor es Rusia, que fabrica unos cuantos gramos, la mayoría de los cuales son vendidos a Estados Unidos. La investigación, que se centró en seguir el rastro del polonio, demostró que los supuestos asesinos ya lo habían intentado dos veces con anterioridad, aunque parecían manejar el veneno de una forma un tanto chapucera. En cualquier caso, al final consiguieron suministrarle al malogrado exagente ruso una cantidad lo suficientemente elevada no solo para matarlo, sino para que el taxi que le llevó a su casa en la tarde del 1 de noviembre quedase inservible. Debido a que las impurezas en el polonio dejan una especie de «firma de origen», las autoridades consiguieron identificar incluso la instalación nuclear rusa[131] en

---

130 El camarero que estaba sirviendo la mesa declaró más tarde que notó cómo los acompañantes de Litvinenko le distraían mientras probablemente contaminaban el contenido de la tetera con un espray.

131 Dado que el polonio-210 tiene una vida media de 138 días y se desintegra formando plomo-206, es perfectamente posible establecer incluso la fecha de producción del primero simplemente midiendo la proporción de ambos isótopos en una muestra.

la que se había fabricado el dichoso veneno. Los ingleses solicitaron la extradición de los asesinos y en 2021 el Tribunal Europeo de Derechos Humanos acusó al Gobierno ruso del homicidio. Todo fue en vano. Como era de esperar, los rusos denegaron la extradición y su Gobierno siempre ha negado toda responsabilidad en el asunto, alegando un complot para desprestigiarlo.

Pero, si su origen resultaba tan sospechoso, ¿por qué usar el polonio en vez de algún otro veneno que *cantara* menos? Dejando al margen que a los Gobiernos con armas nucleares les suele importar un bledo lo que opinen los demás, en realidad no se trata de una mala elección. El sigiloso elemento es difícil de detectar, y solo equipos especializados permiten su trazabilidad. Como dijo un experto, aunque los asesinos de Litvinenko actuaron aparentemente de forma bastante torpe, un pequeño vial de polonio con un poco de agua guardado en un bolsillo pasa sin problemas por los detectores de un aeropuerto y permite al asesino escapar tranquilamente porque una vez suministrado provoca síntomas que tardan días en ser asociados con un envenenamiento.

Por fortuna, hasta el día de hoy no se conocen más casos confirmados de intentos de asesinato con tan siniestra sustancia, aunque existen algunas similitudes que han dado pie a especulaciones en otros incidentes asociados con el Kremlin, como el envenenamiento del empresario Roman Tsepov, muerto en 2004 por la ingesta de una sustancia radiactiva también suministrada en una taza de té, o el fallecimiento en 2003 del periodista Yuri Shchekochikhin, víctima de una misteriosa enfermedad. En cualquier caso, el *affaire* Litvinenko ha quedado para la posteridad como la primera vez en la historia —y esperemos que la última— en la que una persona ha sido cruelmente asesinada utilizando el mortífero elemento descubierto por madame Curie que llevará para siempre asociado el nombre de su tierra natal.

UN METEORITO DE MARTE

El 7 de agosto de 1996, en una declaración sin precedentes, el presidente estadounidense Bill Clinton declaraba con respecto a los recientes análisis que se habían hecho en ALH84001, una roca procedente de Marte: «Hoy, la roca 84001 nos habla a través de miles de millones de años y millones de millas. Habla de la posibilidad de vida. Si se confirma este hallazgo, será sin duda uno de los más impresionantes acerca de nuestro universo que la ciencia haya descubierto. Sus implicaciones son tan trascendentales e inspiradoras como se pueda imaginar. Incluso cuando nos promete respuestas a algunas de nuestras preguntas más antiguas, plantea otras aún más fundamentales».

ALH84001.

Como era de esperar, una declaración de ese calibre, emitida desde la mismísima Casa Blanca, hizo volar de inmediato la imaginación de miles de científicos y de millones de personas en todo el mundo. Después de décadas de búsqueda, por fin se había encontrado vida extraterrestre. ¿Sería verdad? Pero ¿qué demonios era el ALH84001?

El Allan Hills 84001 es un fragmento de un meteorito de casi dos kilos encontrado en la Antártida, en las colinas del mismo nombre, a finales de 1984. Se sabe que procede de Marte porque su composición química e isotópica es igual a la de las rocas y los gases marcianos y, como otros meteoritos conocidos, debió eyectarse al espacio como consecuencia de un impacto hasta que se estrelló contra la Tierra. Con una edad estimada de 4091 millones de años —fecha en la que se cree que cristalizó a partir de roca fundida— es uno de los meteoritos más antiguos conocidos. En nuestro planeta lleva unos trece mil años[132].

Pero lo interesante no era tanto su origen (se conocen casi 300 meteoritos procedentes de Marte) como lo que los científicos encontraron dentro. En primer lugar, el análisis químico reveló que la roca había cristalizado en un ambiente acuoso, por lo que es el único meteorito conocido que se formó cuando el planeta rojo todavía contaba con agua líquida en su superficie[133]. En segundo lugar, los microscopios electrónicos revelaron la presencia de estructuras parecidas a lo que podían ser bacterias diminutas, algunas formando incluso algo similar a colonias. Y, por encima de todo, el meteorito no solo contiene hidrocarburos aromáticos y otros compuestos orgánicos complejos, tales como aminoácidos, sino también cristales de magnetita en forma de prisma rectangular, organizados de forma que resultan indistinguibles de la magnetita terrestre de origen biológico. Sin embargo, esta

---

132 Estas cosas las sabemos a partir de diversas técnicas de datación radiométrica, que miden las proporciones de ciertos isótopos radiactivos en las muestras.

133 Marte se quedó casi sin agua líquida hace unos 3800 millones de años, cuando la pérdida de atmósfera consecuencia del viento solar (a su vez consecuencia de la pérdida paulatina del campo magnético debido a su pequeño tamaño) hizo que la presión atmosférica se desplomase, de modo que el agua líquida dejó de ser estable. Parte se evaporó y el resto se congeló.

última no coincide con ninguna magnetita no biológica conocida que se forme en la naturaleza, al menos en la Tierra.

Sin duda, estos resultados eran impactantes, tanto que los entusiasmados científicos de la NASA se tiraron a la piscina sin reparar en que, parafraseando al gran Carl Sagan, afirmaciones extraordinarias requieren pruebas extraordinarias. Pero la grandeza de la ciencia reside en la posibilidad de que otros grupos independientes, más escépticos y menos implicados en el descubrimiento, tengan la posibilidad de comprobar la hipótesis con otros experimentos. Y eso fue lo que sucedió. Decenas de grupos de investigadores se lanzaron a explorar el ya célebre ALH84001, llegando a la conclusión de que las aparentes evidencias no estaban tan claras.

Lo primero que quedó determinado tras las pruebas adicionales fue que parte de los compuestos orgánicos encontrados en el meteorito, tales como los aminoácidos, eran consecuencia de la contaminación terrestre; no en vano, la roca lleva trece milenios con nosotros. Ello no incluye a los hidrocarburos aromáticos policíclicos (PAH), genuinamente marcianos, pero estos son detectados con regularidad tanto en asteroides, cometas y meteoritos como en el espacio profundo, sin que se deriven de actividad biológica alguna. Otra cosa que llamó la atención de inmediato fue el tamaño de los supuestos fósiles de bacterias, bastantes de los cuales eran mucho más pequeños que cualquier microorganismo terrestre conocido en la actualidad. Solo los *fósiles* más grandes, de entre 100 y 200 nm de longitud, se encontraban en el rango de tamaño de algunas bacterias muy pequeñas. Aunque hay virus de ARN[134] que tienen tamaños menores, gran parte de la comunidad científica pronto estimó que aquellos supuestos microfósiles eran probablemente demasiado pequeños para incluir todos los componentes básicos de un organismo vivo. En cuanto a los misteriosos *collares* de magnetita, en 2001 los científicos fueron capaces de generar glóbulos de carbonato que contenían granos de magnetita

---

134 Siglas de ácido ribonucleico. Aunque casi toda la información genética de los seres vivos actuales se transmite a través del ADN, los científicos sospechan que en su origen pudo estar codificada en el ARN, que es una molécula más simple.

similares a través de un proceso abiótico. Dicho proceso simulaba las condiciones que ALH84001 probablemente experimentó en el planeta rojo durante su formación. Por último, estudios recientes han establecido que las moléculas orgánicas descubiertas están asociadas con procesos no biológicos producidos en el Marte primitivo hace cuatro mil millones de años[135].

Tanto las críticas recibidas tras el espectacular anuncio de Clinton como las diferentes investigaciones llevadas a cabo a lo largo de los años no parecen, sin embargo, haber cambiado la opinión del equipo original de investigadores. Liderados por David Stewart McKay, el astrobiólogo jefe del Johnson Space Center, han seguido desafiando las críticas sobre la base de que han aparecido evidencias similares en otros meteoritos y de que ningún mecanismo abiótico propuesto ha podido explicar por sí solo todas las extrañas peculiaridades del interior de ALH84001. McKay falleció en 2013, pero sus seguidores, así como miles de aficionados a la astrobiología, siguen defendiendo que en el meteorito hay restos genuinos de vida primitiva en Marte, aunque la mayoría de los científicos no quieran reconocerlo.

En realidad, el quid de la cuestión reside en determinar qué se puede considerar una evidencia incontestable de la existencia de vida, aunque sea en forma fósil. En los últimos años, la exploración llevada a cabo por las sondas espaciales en el planeta rojo ha encontrado fenómenos sospechosos, como los picos estacionales de metano. Este gas es inestable en la actual atmósfera marciana, lo que indica que hay algún proceso que lo genera continuamente. En la Tierra, la mayor parte del metano procede de bacterias que viven en ambientes sin oxígeno. Además, los picos estacionales que coinciden con el verano marciano recuerdan el comportamiento biológico, donde la actividad microbiana aumenta con la temperatura. Si el metano procediese de procesos geológicos, se esperaría un flujo más constante. Sin embargo, es posible que el gas creado de forma abiótica quede atrapado (incluso desde hace

---

135 Concretamente, en reacciones de serpentinización y carbonatación ocurridas cuando la roca se vio alterada por fluidos hidrotermales.

millones de años) en el hielo marciano, liberándose periódicamente con los cambios de temperatura.

De igual modo, recientemente el róver Perseverance ha encontrado indicios químicos y geológicos que podrían estar asociados con antiguos procesos biológicos. El material orgánico localizado es más complejo que en hallazgos anteriores, incluyendo moléculas con cadenas largas de átomos de carbono que podrían ser parte de ácidos grasos. También han aparecido la vivianita y la greigita (un sulfato de hierro hidratado y un sulfuro de hierro, respectivamente), que en la Tierra suelen formarse gracias a procesos biogénicos. Además, los compuestos detectados se encuentran en estructuras asociadas en nuestro planeta a la vida microbiana y todo ello ha sido encontrado en lo que puede ser un entorno muy favorable para la vida. Todas estas peculiaridades se pueden dar también sin intervención biológica, pero en ese caso se requieren varios procesos diferentes que no siempre son del todo compatibles.

Entonces, si hay ya tantos indicios, ¿no deberíamos aplicar el célebre principio de la «navaja de Ockham»[136] y aceptar que ya hemos encontrado vida? Así, explicaríamos todo de un plumazo, en lugar de rebuscar diversos procesos abióticos para intentar dar una explicación que resulta más complicada. No obstante, esto no es posible, pues la existencia de vida extraterrestre abre tantos interrogantes y da paso a la posibilidad de tantos procesos nuevos y desconocidos que, en este caso, resulta más sencilla la hipótesis abiótica, a pesar de su complejidad. Por tanto, hacen falta biomarcadores más seguros que los encontrados hasta ahora para poder concluir que hay o que hubo en el pasado algún tipo de vida microbiana en Marte.

Una forma de asegurarnos es, por supuesto, analizar las muestras en la Tierra. Aunque no es fácil traerlas, hay planes para hacerlo. Ello permitiría determinar si hay algún resto inconfundi-

---

136 Atribuido al filósofo y teólogo franciscano Guillermo de Ockham (c. 1285-1347), este principio establece que en igualdad de condiciones la explicación más simple de un fenómeno, o aquella que requiere menos hipótesis o procesos adicionales, es la que tiene más visos de ser correcta.

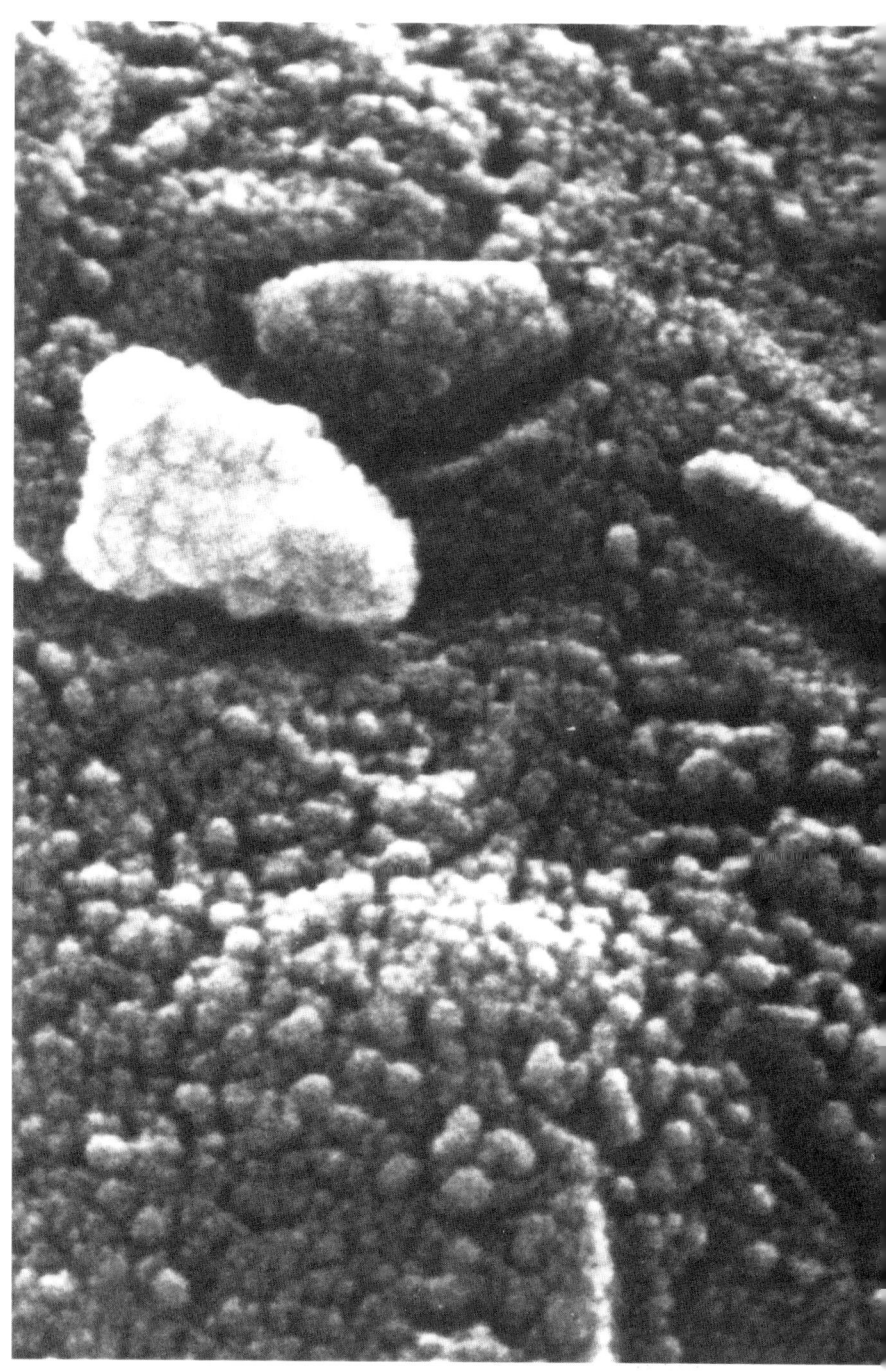

Imagen microscópica del meteorito ALH84001, hallado en la Antártida y estudiado por la NASA en 1996. En su interior se observaron estructuras diminutas que recordaban a bacterias, lo que llevó a plantear la posibilidad de que pudieran ser restos de vida anti-

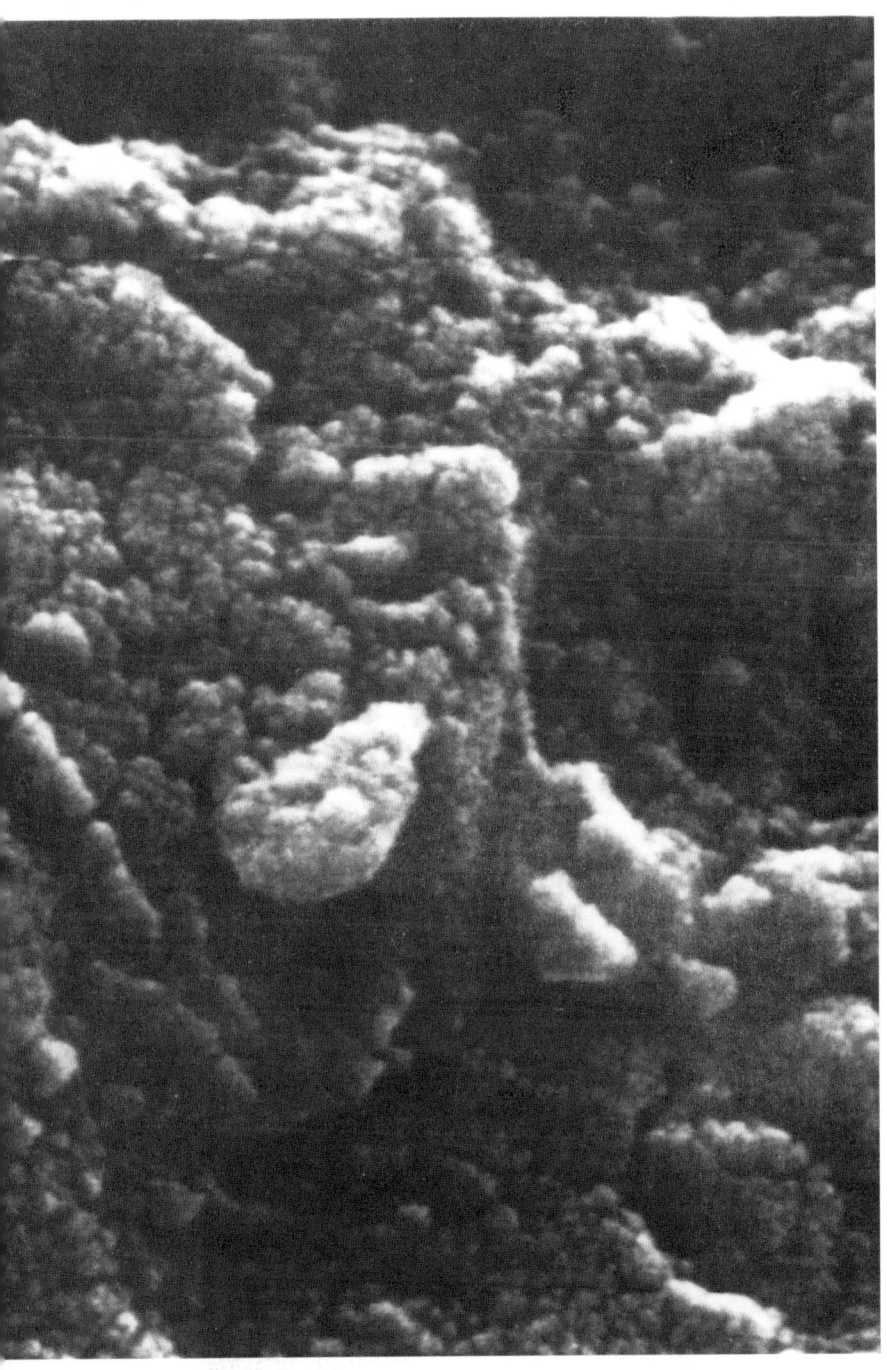

gua procedente de Marte. La interpretación fue muy discutida y sigue siendo objeto de debate, pero el hallazgo tuvo gran repercusión al reavivar el interés científico por la búsqueda de vida fuera de la Tierra [NASA].

blemente biológico (por ejemplo, a través de la relación de isótopos) o si, como pasa en ALH84001, casi puede descartarse un origen relacionado con la vida. Otra manera es encontrar biofirmas más claras, como restos de moléculas muy complejas cuya presencia sea prácticamente imposible de explicar sin que procedan de seres vivos —la clorofila de nuestras plantas es un buen ejemplo—, o lugares donde haya mezclas de gases que, como el oxígeno y el metano, no coexisten normalmente en estado libre a menos que la vida los produzca de manera continua. Por último, la identificación de restos de pequeñas estructuras fósiles, tales como membranas celulares u orgánulos, sería sin duda pruebas definitivas.

Como podemos comprobar, el asunto de los posibles rastros de vida en el viejo meteorito ALH84001 ha resultado ser mucho más duro de pelar de lo que en un principio parecía. Solo el tiempo dirá si se trata de algo real o de uno más en la larga lista de fiascos mediáticos relativos al planeta rojo, que han ocurrido desde los tiempos de los famosos canales marcianos[137]. En ese sentido, la historia del anuncio presidencial de los años noventa es un estupendo recordatorio de los riesgos que corren los científicos cuando se entusiasman demasiado con unos resultados aparentemente extraordinarios. Y eso que, después de todo, el episodio del meteorito marciano tuvo consecuencias positivas, ya que la expectación que originó dio un formidable impulso a la astrobiología, esa nueva ciencia que rastrea la vida por toda la galaxia.

En definitiva, a día de hoy no existen pruebas de la existencia de microbios ni ahora ni antes, ni en Marte ni en ningún otro lugar fuera de nuestro planeta. Pero las seguimos buscando y tal vez no falte mucho para encontrarlas. Si algún día lo hacemos, el anuncio verdadero no diferirá mucho de aquel de 1996 y, sin embargo, será sin duda la rueda de prensa más importante de toda la historia de la humanidad.

---

137 En 1877, el astrónomo italiano Giovanni Schiaparelli descubrió en la superficie de Marte unas formaciones a las que denominó *canali*. Una mala traducción al inglés, *canals*, llevó a la creencia de que se trataba de estructuras artificiales construidas por seres inteligentes para transportar agua. Por descontado, las formaciones resultaron ser de origen natural.

Lecturas recomendadas

Butler, Sir Thomas (1989). *The Crown Jewels and Coronation Ceremony*. Pitkin.

Daniel, Larry J. (1997). *Shiloh: The Battle That Changed the Civil War*. Simon and Schuster. New York.

Davis, Wade (1985), *The Serpent and the Rainbow*, New York: Simon & Schuster.

Emsley, John (2000). *Moléculas en una exposición*. Ediciones Península, S.A. Barcelona.

Emsley, John (2006). *Thallium. The Elements of Murder: A History of Poison*. Oxford University Press. Oxford.

Fenster, Julie M (2001). *Ether Day: The Strange Tale of America's Greatest Medical Discovery and the Haunted Men Who Made It*. HarperCollins. New York.

Gentili, Filippo (2006). *Il miracolo eucaristico di Bolsena*. Elledici. Turín.

Gratzer, Walter (2004). *Eurekas y Euforias. Cómo entender la ciencia a través de sus anécdotas*. Crítica, S.L. Barcelona.

Harding, Luke (2016). *A Very Expensive Poison: The Definitive Story of the Murder of Litvinenko and Russia's War with the West*. Guardian Faber Publishing

Henderson, Julian (2013). *Ancient Glass*. Cambridge University Press.

Kassinger, Ruth G. (2003). *Dyes: From Sea Snails to Synthetics*. 21st century. Brookfield, Conn.

Kaszeta, Dan (2020). *Toxic: A History of Nerve Agents, from Nazi Germany to Putin's Russia*. C. Hurst (Publishers) Limited.

Li, Jie Jack (2006). *Laughing Gas, Viagra, and Lipitor: The Human Stories behind the Drugs We Use*. Oxford University Press.

Magnani, Maurizio (2005). *Spiegare i miracoli. Interpretazione critica di prodigi e guarigioni miracolose*. Edizioni Dedalo. Bari.

Manseau, Peter (2017). *The Apparitionists: A Tale of Phantoms, Fraud, Photography, and the Man Who Captured Lincoln's Ghost*. Houghton Mifflin Harcourt. New York.

Navarro, Alejandro (2015). *El secreto de Prometeo y otras historias de la tabla periódica de los elementos*. Guadalmazán.

Norris, John (2003), *Early Gunpowder Artillery: 1300–1600*. The Crowood Press. Marlborough, UK.

Ohler, Norman (2017). *Blitzed: Drugs in the Third Reich*. Houghton Mifflin. Harcourt.

Parascandola, John (2012). *King of Poissons: A History of Arsenic*. Potomac books.

Reminick, Gerald (2001). *Nightmare in Bari: The World War II Liberty Ship Poison Gas Disaster and Coverup*. Glencannon Press. Palo Alto.

Rewald, John (2007). *Histoire de l'impressionisme*. Hachette. París.

Sachse, Manfred (2008). *Damascus steel myth, history, technology, applications* (3rd ed.). Stahleisen. Düsseldorf.

Sawyer, Kathy (2006). *The Rock from Mars: A Detective Story on Two Planets*. Random House.

Schiff, Stacy (2015). *The Witches: Salem, 1692*. New York: Little, Brown, and Co.

Stephens, Trent and Brynner, Rock (2001). *Dark Remedy: The Impact of Thalidomide and Its Revival as a Vital Medicine*. Perseus Books.

Stille, Mark (2010). *British Dreadnought vs. German Dreadnought: Jutland 1916*. Osprey Publishing. Oxford.

Este libro se terminó de imprimir el día 26 de abril de 2026, cuando se cumplían ciento treinta y cuatro años de la elección, en 1892, del químico inglés William Henry Perkin como miembro de la Manchester Literary and Philosophical Society, reconocimiento a una trayectoria que había comenzado décadas antes con el descubrimiento accidental de la mauveína, el primer colorante sintético producido a escala industrial, un hallazgo que abrió el camino a la química moderna y transformó para siempre la relación entre la ciencia, la industria y la vida cotidiana.